지리 포토 에세이

동남부 아프리카

지리 포토 에세이
동남부 아프리카

초판 1쇄 발행 2018년 4월 13일
초판 2쇄 발행 2023년 6월 14일

글/사진   손휘주

펴낸이   김선기
펴낸곳   (주)푸른길
출판등록   1996년 4월 12일 제16-1292호
주소   (08377) 서울시 구로구 디지털로 33길 48 대륭포스트타워 7차 1008호
전화   02-523-2907, 6942-9570~2
팩스   02-523-2951
이메일   purungilbook@naver.com
홈페이지   www.purungil.co.kr

ISBN   978-89-6291-448-1 03980

지리 포토 에세이

동남부 아프리카
Eastern and Southern Africa

손휘주

푸른길

동남부 아프리카의 이야기를
사람들과 나누기 위해
한 청년이 유랑을 떠났습니다.

가족, 교수님, 선생님, 친구
유랑을 후원해 준 분들
진심으로 고맙습니다.

아프리카

대륙의 중심
인류의 시작

그리고
한 명의 지리학도가 유랑을 시작한 대륙

왐비(Wamba)에서 마랄랄(Maralal)로 가는 C78 도로에서, 2013년 케냐

차례

세쉐케(Sesheke)에서 시오마(Sioma)로 가는 M10 도로에서, *잠비아*

프롤로그

지리 _ Geography

지리학은 인문학과 자연과학을 종합하는 융복합의 학문이며,
더 나은 미래와 공간을 만들어 나가는 데에 그 목적이 있다.
따라서 지리학도는 다양성과 변화의 개념을 이해하는 동시에
좁은 공간, 작은 움직임도 잘 살펴 인류를 위해 노력해야 한다.

이것이 곧 나의 학문적 기반이다.

지구 _ Earth

지구는 다양한 생명이 수억 년간 함께한 소중한 행성으로
그 시간의 깊이와 공간의 넓이는 인간이 헤아리기 어렵다.
따라서 국경을 초월한 동행을 위해 함께 고민을 해야 하며
다 같이 노력하면 행복한 세상을 만들 수 있다고 생각한다.

이것이 곧 나의 확실한 믿음이다.

유랑 _ Travel

여행, 답사, 봉사 등 다양한 방법으로 새로운 곳을 경험하지만
사람들의 모습과 그 무대가 되는 지역에 사고의 초점을 둔다.
멋진 경관 앞에 행복해하고 슬픈 장면 뒤로 눈물을 흘리면서
애틋한 시선으로 그곳의 과거, 현재, 미래를 그려 보는 것이다.

이것이 내가 지구를 여행하는 방법이다.

에세이 _ Essay

지구가 있어 우리가 있고, 우리가 있어 예술이 있는 것이므로
사진은 나만의 작품이기 이전에 지구와 인류에 대한 기록이다.
그 기록에 이성과 감성을 함께 담아 진실한 글을 덧붙이고
하나의 작은 책으로 엮어 다른 사람들과 나누고자 한다.

이것이 내가 지리학의 뜻을 실천하는 방법이다.

말린디(Malindi)의 아침, 2013년 케나

내게 작은 바람이 있다면
영원했으면 좋겠습니다.

매일 다르지만 한결같이 아름다운
그곳의 빛나는 아침과 사람들은,

모든 것이 달라진다 하더라도
영원했으면 좋겠습니다.

개관

▌유랑

　2013년이다. 그때부터 블로그에 '지리학도의 지구유랑기'라는 이름으로 사진을 찍고 글을 써 왔다. 더 푸른 지구와 더 나은 세상을 꿈꾸며 사람들과 유랑기를 나누어 온 지도 수년이 지났다. 하지만 학업과 일을 함께해야 했기에 그 작업을 중단했던 적이 많았다. 그래도 강한 열정과 용기로 도전을 이어갔던 그때 그곳을 기억하며 포기하지 않았다. 그리고 뒤늦게 이 책을 쓰게 되었다. 그때 그곳이란 2013년의 케냐다.

1) 1차 유랑

일시 : 2013년 9월 ~ 11월, 86일

지역 : 동부 아프리카 1개국

국가 : 케냐

　지금으로부터 5년 전, 대학교에 복학하기 전이었다. 앞으로 여행할 대륙을 순서대로 써 보았다. 마지막에 아프리카가 있었다. '아프리카' 이 네 글자를 쓰고 나니 심장이 두근거렸다. 동시에 아프리카에 관한 문장들이 떠올랐다. 그리고 케냐로 떠났다. 나는 당시를 이렇게 기록했다.

　존경하는 지리학자 하름 데 블레이 교수는 『분노의 지리학』의 12장 '아프리카에 희망은 있는가?'에서 이렇게 말했다.
　"아프리카가 지난 수천 년간 겪은 불행도 그 문화의 역동성과 세계에서 차지하는 중요성을 반감시키지는 못했다. 수십만 년 동안 아프리카는 인류를 기르고 단련시켰으며 전 세계로 내보내어 이 행성을 영구히 바꾸어 놓았다. 아프리카의 시대, 아프리카의 차례는 다시금 돌아올 것이다."

다음 문구는 더욱 강렬하게 다가왔다.

"우리의 지리학적 여정을 아프리카에서 끝맺는 것이 적절하리라."

가슴을 울린 한 문구가 한국의 한 지리학도를 아프리카로 인도했다.

3개월간 케냐에서 봉사와 여행을 함께했다. 초반에는 주로 작은 시골 마을에서 머물렀다. 그들과 같은 음식을 먹고 같은 곳에서 잠을 잤다. 그러면서 단 한 번만이라도 아이들의 그릇을 깨끗한 물로 씻어 줄 수 있다면, 단 한 번만이라도 아이들에게 펜과 종이를 마음껏 줄 수 있다면, 이런 생각을 매일 반복했다. 그렇게 한 달쯤 지나자, 나도 모르게 케냐를 그리고 아프리카를 사랑하게 되었다.

하지만 그 사랑이 나를 혼란스럽게 만들었다. 자신에게 물었다. 봉사와 여행 중에 무엇을 해야 옳은가. 케냐와 아프리카를 위해 할 수 있는 일이 무엇인가. 나는 가치 있는 일을 할 수 있는 사람인가. 그 중요한 물음에 답을 하지 못한 채, 한 달이 넘는 시간 동안 케냐 구석구석을 돌아다녔다. 케냐에서의 시간은 모험 같은 여행도, 지속적인 봉사도, 학술적인 답사도 아니었다. '유랑'이었다. 말 그대로 '일정한 거처 없이 떠돌아다닌다'는 사전적 뜻의 유랑이었다.

2014년, 나는 케냐 유랑을 이렇게 기록했다.

봉사, 답사를 포함한 이 여정은 내 인생의 전환점이라기보다는 또 하나의 인생과도 같았다. 돌이켜 보면 믿기지 않을 만큼 행복하고 기쁘면서도 고독하고 슬픈 인생이었다. 50원이면 바나나를 하나 사 먹는 케냐였지만 큰돈이 없어 마사이마라 국립공원을 못 갔던 기억, 생각지도 못했던 멋진 경관을 보고 아이처럼 기뻐했던 기억, 부족 전쟁을 보고 죽을까 봐 걱정했던 기억, 총소리를 듣고도 아무렇지 않게 잠들었던 기억, 테러가 일어난 곳이 궁금해서 나이로비 웨스턴랜드의 사고 현장을 찾아갔던 기억…. 끝도 없다. 케냐에서의 모든 이야기를 쓰자면 86일의 영상을 만들어야 할 것이다. 내가 그 무언가를 해냈다는 행복감과 자신감은 여권을 잃어버리지 않고 유럽 여행을 성공적으로 했을 때 느끼는 감정일 것이다. 아니 그보다는 '내가 그렇게 또 하나의 작은 인생을 살았다, 어딘가에 마음의 고향이 있다, 나와 함께 밥을 먹고 잠을 잤던 인연이 있다, 마치 케냐로의 입국이 탄생과 같고 한국으로의 출국이 죽음과 같은 또 하나의 작은 인생을 살았다'는 느낌이다.

　또 하나의 작은 인생이라고 느꼈던 케냐 유랑. 그 유랑의 실제 무대였던 아프리카는 내가 처음에 기대했던 상상의 무대로서의 아프리카가 아니었다. 토양침식에서 사막화까지 크고 작은 환경문제가 있었지만, 국토 전체가 국립공원처럼 느껴질 만큼 자연은 아름답고 멋있었다. 사회 양극화와 외부로부터의 편견 등 사회문제도 많았지만, 문화와 언어는 융성했고 시골 주민들은 정말 좋았다.

　케냐의 자연과 사람들이 나에게 가르쳤던 것 중 하나는 이것이다. 아프리카에는 해결해야 할 문제들로만 가득 차 있다고 여겼던 내 생각이 더 큰 문제라는 것이다. 케냐는 현실과 상상의 차이, 사실과 재현의 차이, 그리고 그 차이로 인한 편견과 오해의 위험성을 가르쳤다. 지리, 문화, 언어, 경제, 종교 등 수많은 주제로 아프리카와 세상에 대해 계속 생각하도록 자극했다. 아프리카를 위해 할 수 있는 것이 없었던 나였지만, 케냐는 끊임없이 나를 두드리며 가르쳤던 것이다.

　한국에 돌아온 이후 나는 내 역량과 역할을 깊게 고민했다. 지리학의 목적과 지구의 미래도 계속 생각했다. 그리고 움직였다. 제대로 할 수 있는 것은 없었지만, 답사든 봉사든 글쓰기든 작은 일부터 시작했다. 그 작은 일 중 하나가 '지리학도의 지구유랑기'였다. '지리학도의 지구유랑기'는 한때 내가 제작했던, 지리학을 주제로 하는 콘텐츠의 통칭이었다. 그 콘텐츠의 목적은 특정 지역의 이야기에 사람들이 관심을 가질 수 있도록 하는 것이었다. 관심은 그 특정 지역에 대한 시각을 넓히고, 그곳의 자연과 사람들을 이해하는 데 도움이 된다고 생각했다. 그리고 그 관심과 이해가 환경 및 사회문제들을 해결하는 데 필요하다고 보았다. 궁극적으로 지리적인 이야기는 더 나은 세상, 더 푸른 지구를 만드는 데 공헌하리라 믿었다.

2) 2차 유랑

일시 : 2015년 6월 ~ 8월, 41일
지역 : 남부 아프리카 6개국

국가 : 남아프리카공화국, 레소토, 스와질란드, 모잠비크, 짐바브웨, 보츠와나

　두 번째 유랑은 '지리학도의 지구유랑기'라는 큰 제목 아래에서 준비했다. 구체적으로는 사하라 이남 아프리카의 지리적 기록을 남기고자 하는 것이었다. 그 기록의 목적은 한국으로 전해지는 아프리카 정보의 공간적, 시간적 편협성을 줄이고 사람들의 관심을 조금이라도 불러일으키는 데 있었다.

　흔히 사하라 사막 북쪽의 아프리카(북부 아프리카)는 중동과 묶여 하나의 거시 지역으로 분류되고, 사하라 사막 남쪽의 아프리카는 '블랙 아프리카'라는 또 다른 거시 지역으로 분류된다. 이 두 지역은 사하라 사막이라는 거대한 자연적 장벽을 사이에 두고 서로 다른 지리·역사·문화·종교를 보여 준다. 내가 관심을 가졌던 지역은 사하라 이남 아프리카였다.

　사하라 이남 아프리카는 서부, 동부, 중부, 남부 아프리카로 세분된다. 그중에서 동부 아프리카와 남부 아프리카가 여행하기에 비교적 안전하다. 그래서 지난 유랑에는 동부 아프리카의 케냐를 다녀왔으니, 이번에는 남부 아프리카를 가 보기로 했다. 시간적 여유가 많지 않아 41일이라는 짧은 기간에 많은 국가를 다녀야 했다.

　초반 일주일간은 부모님과 함께 남아프리카공화국(남아공)에서 시간을 보냈다. 이후 한 달은 홀로 지냈다. 이때 가장 먼저 한 일은 프리토리아 대학가의 한 서점에서 중고 지리책을 산 것이었다. 『The Geography of Modern Africa』(Hance, 1964)라는 650쪽의 큰 책이었다. 저녁에는 이 책을 읽는 데 많은 시간을 할애했다. '지리적인 기록'을 남기기로 한 만큼 아프리카의 지리에 대해 많이 알고 싶었다. 그래서 두 번째 유랑은 몸과 마음이 바람 같았던 첫 번째 유랑보다 안정적이었다. 책과 함께한 유랑은 많은 것을 가르쳐 주었다. 무엇보다 책에 담긴 지리 지식들은 가이드북과 온라인 백과사전에서는 찾을 수 없는 것들이 많았다. 오래된 책의 내용과 현재의 모습을 비교하는 것도 흥미로웠다. 동시에 동부 아프리카와 남부 아프리카의 지리를 비교하는 것도 가능했다. 결과적으로 아프리카의 지리적 다양성과 역동적 변화를 실감할 수 있었다.

　유랑이 끝난 뒤에는 현지에서 얻은 자료와 경험을 정리하면서 동남부 아프리카의 지리를 중심으로 공부를 이어 갔다. 동시에 다양한 방식으로 틈틈이 사하라 이

남 아프리카의 지리 이야기를 사람들과 나누었다. 그리고 '사하라 이남 아프리카의 지리적 기록'을 이어 가기 위해 세 번째 유랑을 준비했다.

3) 3차 유랑

일시 : 2016년 8월 ~ 11월, 85일
지역 : 동남부 아프리카 7개국
국가 : 남아프리카공화국, 나미비아, 보츠와나, 짐바브웨, 잠비아, 말라위, 탄자니아

    세 번째 유랑을 준비하던 때는 대학 4학년으로 취업, 가족 등 생각해야 할 것이 너무 많았던 시기였다. 하지만 가장 중요한 것은 아프리카 유랑이었다. 이번에는 130일 동안 동남부 아프리카 11개국을 유랑하는 일정을 계획했다. 4개월이 넘는 기간이었지만, 동남부 아프리카 안에서도 가고 싶은 곳이 많아 일정이 촉박했다. 특히, 이번 유랑을 통해 새로운 아프리카 콘텐츠를 만들어 사람들과 나누겠다고 약속까지 했다.

    그해 8월, 많은 사람들의 후원과 관심 속에서 아프리카로 떠났다. 하지만 예정보다 50일 정도 앞서 귀국했다. 이번 유랑은 뚜렷한 목표가 있었기에 그것을 이룰 수 없다면 귀국해야 한다고 판단했기 때문이다. 일반적인 관광지의 공간적, 시간적 범위를 넘어서고 싶었다. 아프리카의 자연과 사람들에게 더 다가가고 싶었고, 그들에게 귀를 기울이고 싶었다. 그렇게 듣고 배운 것을 지리적인 콘텐츠로 만들어, 아프리카에 관한 사람들의 시각을 넓혀 주고 싶었다. 하지만 기대했던 콘텐츠를 남길 만한 유랑을 하지 못했다. 아프리카에 대해 기존에 알려진 것과 내가 말하고자 했던 것의 경계, 또한 지리적인 이야기와 그렇지 않은 이야기의 경계는 개인적 기준에 의한 것이었다. 계획 안에서 기대했던 그 개인적 기준에 이르지 못했다는 것은 스스로가 알고 있었다. 지식, 지혜, 경험 등 모든 것이 부족했다. 마음가짐과 행동거지에서 잘못한 부분도 반성했다.

    천천히, 내가 왜 '지리학도의 지구유랑기'를 쓰게 되었는지 생각하면서 지난 85

일의 시간을 되짚어 보았다. 그리고 사진을 정리하고 글을 썼다. 그것이 이 책으로 탄생하게 된 것이다. 결국 이 책은 처음에 계획했던 '동남부 아프리카의 지리적 기록'이 아니다. 오히려 그 기록을 향해 가는 과정이다. 나는 이 과정을 통해 새로운 목표를 향해 더 성장할 수 있다고 믿는다.

▮ 지리

1) 문제 인식

　지구도 하나, 세상도 하나다. 그리고 인류는 공동체다. 세계경제, 국제관계, 자원
외교, 환경문제 등 거의 모든 분야에서 우리는 얽혀 있다. 이렇게 다 함께 사는 행
성에서의 '무관심'은 세계 곳곳의 수많은 문제를 해결하는 데 있어 큰 장애물이다.
두 사람 사이의 갈등을 해결할 때, 마주 앉아 대화하는 것은 어릴 때부터 배워 왔던
것이 아닌가. 마음을 열어 서로에 대해 알아 가는 것은 정확한 문제 인식과 해결을
위한 중요한 단계다. 그런 의미에서 많은 사람이 특정 대륙을 잘못 알고 있다는 것
자체가 해결해야 할 문제다.

　그 문제의 원인을 한번 살펴보자. 왜 우리는 아프리카에 대해 잘 모르는 것인가.
왜 우리는 아프리카에 대해 잘 모르고 있다는 것을 인정하면서도 가난, 전쟁, 위험,
질병과 같은 것들을 '당연하게' 떠올리는가. 나는 그 원인을 언론, 미디어, 교과서,
사람들의 무관심에서 찾았다. 뉴스는 전쟁과 기근처럼 사람들의 관심을 끄는 자극
적인 내용을 전하고, 시사 프로그램은 진짜 아프리카를 보여 주겠다며 야생 동물
과 원시 부족을 보여 준다. 더불어 국제기구와 개발협력 관련 기관들은 후원금을
모으기 위해 힘들게 살아가는 아프리카 사람의 사진을 내세워 감정에 호소한다.
무엇보다 학창시절부터 공부했던 사회 또는 지리 교과서는 성급한 일반화를 통해
아프리카의 부정적인 면을 머릿속에 심어 준다. 마지막으로 우리는 이러한 내용을
그대로 받아들이고, 마치 그것이 아프리카 전부일 것으로 생각한다. 이 문제의 끝
에는 우리의 무관심이 있다.

2) 해결 방안과 지리학

　이제는 시각을 넓힐 때다. 우리가 언제부터 세계 금융 위기와 국제정치의 변동

을 논했는가. 우리가 언제부터 자원 외교, 개발협력 관련 보도에 관심을 가졌는가. 우리가 언제부터 다른 국가의 사막화와 전 지구적인 기후변화에 주목했는가. 최근 수십 년간 이 지구와 세상은 빠르게 변화했다. 아프리카도 예외가 아니다. 아프리카 대륙과 한국의 관계 역시 달라졌다. 그 변화를 인지하고 미래를 주도하는 것은 인류 공동체의 당사자인 우리 모두의 역할이다. 그래서 나는 글을 썼다. 특정 지역에 대한 지리적인 주제로 말이다. 이것은 한국 사람들의 아프리카 인식 개선을 위한 해결 방안 중 하나였고, 내가 할 수 있는 유일한 일이었다.

그렇다면 '지리적인 글'이 무엇이고 어떻게 그 문제를 해결하는 방안이 된다는 것인지를 지리학의 정의와 가치를 통해 살펴보자. '지리학'이란 지표상에서 일어나는 모든 현상을 공간적인 시각에서 연구하는 과학이다. 또한 수많은 주제로 특정 지역을 분석하는 공간의 학문이다. 자연환경과 인간사회 모두를 연구 범위로 하기 때문에 자연과학과 인문학을 융합하는 학문이기도 하다. 이러한 지리학을 계통적으로 분류하면 크게 자연지리학과 인문지리학으로 나눌 수 있다. 먼저 자연지리학에는 기후학, 지형학, 토양지리학, 수문학, 생물지리학 등이 있는데 쉽게 말해 하늘, 산, 들, 강, 바다 등 자연과 관련되어 있는 학문이다. 다음으로 인문지리학에는 경제지리학, 역사지리학, 문화지리학, 도시지리학 등이 있으며 모두 사람들이 살아가는 모습과 관련되어 있다. 따라서 지구에서 찾을 수 있는 어떠한 주제와 분야를 공간적으로 지역적으로 연구한다면 그 모두가 '지리'가 된다. 추가로 예를 들면, 교통을 지리적으로 보면 교통지리학, 보건을 지리적으로 보면 보건지리학, 환경을 지리적으로 보면 환경지리학이 된다. 이렇게 지리학의 하위 분야는 아주 다양하다. 지구에서 일어나는 모든 현상을 공간적, 지역적으로 연구하는 학문이기에 그럴 수밖에 없다. 따라서 특정 지역을 바라보는 시각을 넓히도록 돕는 것은 지리학의 역할이라고 할 수 있다. 즉, 아프리카에 대해 사람들이 가지는 편견을 줄이는 일도 지리학의 역할이다.

'지구에 관한 과학적인 이해를 토대로, 오랜 시간 속에서 축적된 현재의 자연 및 사회 현상을 종합적으로 바라본 후, 더 나은 공간을 만들어 인류에게 공헌하는 것', 나는 여기에 지리학의 가치가 있다고 생각한다. 이것을 항상 기억하며 '사하라 이남 아프리카의 지리적 기록'을 남기고자 했다. 그리고 그 과정이었던 세 번째 아프리카 유랑을 바탕으로 지리적인 글을 썼다. 많은 사진이 동반된 서사 형식의 여행기는 익숙하지만, 그 속에 담긴 지리적인 주제는 사람들에게 익숙하지 않다. 하지만 생소한 그 이야기가 지리학의 가치를 실현하는 데 도움이 될 것이라고 믿었다. 동시에 '아프리카 대륙의 지리 이야기를 남김으로써 한국으로 전해지는 아프리카 정보의 공간적, 시간적인 편협성을 줄이고 사람들의 관심을 조금이라도 일으키자'라는 목표를 이루는 데 도움이 될 것으로 믿었다. 그 믿음이 유랑의 본질이다.

3) 한계

지리학적 시각으로 동남부 아프리카의 이야기를 쓴 것은 이 책의 가장 큰 특징이다. 하지만 개인적인 역량과 유랑의 공간적 범위에서 한계가 크다. 과연 아프리카 중에서도 여행이 비교적 수월한 동남부 아프리카 지역만 다녀와서 '아프리카'가 어떠하다는 듯 말하는 것이 옳은가. 비판적인 글도 있지만 대부분 멋지고 아름다운 이미지로 채워진 글을 전하는 것이, 행여나 그로 인해 또 다른 편견을 남기게 된다면 그것이 내가 진정으로 원했던 것인가. 그렇지 않다. 이 글을 보고 아프리카의 단편적인 면만 부각한 것이 아니냐고 가장 먼저 지적할 사람 역시 나 자신이다. 따라서 그 지적을 받아들이고 한계를 정리한다.

첫 번째는 '개인적인 한계'다. 종합적인 시각은 지리학의 큰 강점이다. 그 강점을 이 책의 특징으로 이어 왔지만, 학부생의 수준에서 폭넓은 주제로 글을 썼기에 깊이가 얕고 이야기의 일관성이 부족하다. 또한 아프리카와 관련된 각종 문제들에 대한 정답을 내놓지 못한다. 이는 전문 지식과 오랜 현장 경험이 없는 나의 개인적인 한계다. 게다가 이 책은 이미 아프리카에 강한 애착을 가지고 있는 한 지리학도가 쓴 것이다. 그래서 글 어딘가에 또 다른 편견을 담고 있을 가능성이 있다.

두 번째로 지적해야 할 것은 '공간적인 한계'다. 이 글은 아프리카 면적의 절반도 되지 않는 동남부 지역, 그중에서도 7개국, 그 국가들 안에서도 아주 적은 지역만을 다룬 것이다. 이렇게 협소한 공간을 다룬 까닭에 책 내용이 또 다른 일반화의 오류로 이어질까 우려가 된다. 그리고 그 우려는 아프리카 정보가 부족한 상황에서는 당연할 수 있다. 따라서 이 책을 시작하기에 앞서 이 두 가지를 분명히 기억해 주었으면 한다.

첫째, 다양한 매체에서 그려 낸 아프리카 관한 이미지가 아프리카의 전부는 아니다.

둘째, 이 책이 전하는 이야기 또한 아프리카의 전부는 아니다.

아프리카

아프리카는 아프리카다. 우리가 아프리카에 대해 어떻게 인식하고 있든지 상관 없이, 아프리카는 아프리카다. 아프리카는 대륙이다. 우리가 아프리카를 한 나라 인 것처럼 여기고 특정 단어로 일반화를 할지라도, 아프리카는 수십 개의 국가 속에 수천 개의 민족과 부족이 공존하는 대륙이다. 지금부터는 아프리카에 대해 그려 왔던 과거의 모든 그림을 내려놓고 몇 가지 사실을 확인하는 것으로 새로운 그림을 그려 보자.

1) 아프리카의 지리

아프리카에 대한 이해는 지구 이해의 핵심 이론인 대륙이동설에서부터 시작한다. 이 이론에 따르면 2억 5천만 년 전 지구에는 단 하나의 대륙(판게아)이 존재했으며 그 중심에 아프리카가 있었다. 이후 땅이 움직이면서 로라시아(북반구의 초대륙)와 곤드와나(남반구의 초대륙)로 나뉘었다. 그리고 1억 년 전, 곤드와나는 현재의 아프리카, 남아메리카, 인도, 남극 등의 땅으로 세분되기 시작했다. 이때 곤드와나의 가운데에 있던 아프리카는 가장 크면서도 가장 적게 움직인 대륙이었다.

많은 연구가 뒷받침하는 이 이론을 염두에 두고, 사실을 중심으로 현재의 아프리카가 가지는 지리적인 특징을 살펴보자. 우선, 7개 대륙 중에 적도가 대륙의 중심을 지나가는 곳은 아프리카가 유일하다. 더불어 아프리카는 다른 대륙 간 거리의 총합이 가장 적은 땅이다. 이 두 가지 사실을 대륙이동설과 엮어 본다면 아프리카 대륙의 지리적, 생물학적 '중심성(centrality)'을 간과할 수 없다.

특히 아프리카의 면적은 3,000만km²로 세계에서 두 번째로 크고 육지의 1/5 이상을 차지하며 유럽의 3배에 이른다. 또한 2억 4,500만 년 전부터 최초로 공룡이 살았던 땅이다. 현재 아프리카에는 세계에서 가장 다양한 척추동물들이 살고 있으며, 포유류의 수는 세계에서 가장 많다.

인류의 역사 속에서도 아프리카의 중심성은 돋보인다. 지금까지의 연구를 보면, 인류 역사의 출발점은 아프리카다. 인류의 조상은 아프리카에서 출현했고, 변화하는 환경에 적응하며 세계로 뻗어 나가 지금의 세상을 만들었다. 아프리카에는 현재에도 12억 인구가 살아가는데, 이는 아시아에 이어 두 번째로 많은 수다. 언어는 공인된 것만 약 천 개에 이르고, 실제로는 훨씬 많다고 한다. 아시아는 아프리카보다 면적이 1,300km² 더 넓고 인구는 약 3.5배 많지만, 전 세계 언어의 종류에서 차지하는 비율은 아시아 32%와 아프리카 30%로 약 2%(150개)밖에 차이 나지 않는다(SIL International, 2017). 이는 아프리카 수천 개의 부족이 자신들의 언어와 문화를 가진다는 사실을 입증한다. 즉, 아프리카는 인구와 대비하여 다양한 언어와 문화를 가진 대륙임이 틀림없다. 더 놀라운 것은 그렇게 다른 언어와 문화를 가졌던 수많은 부족이 나름의 질서 속에서 서로를 인정하며 한 대륙에서 살아왔다는 점이다. 유럽의 침입자들이 무지와 폭력으로 국경을 그어 수십 개의 국가로 쪼개면서 민족과 부족들을 무자비하게 통합하고 나누기 직전까지 말이다.

이러한 역사가 우리에게 어떠한 의미가 있는지 알 필요가 있지만, 그 의미는 차치하고 기본적인 사실조차 제대로 모른다. 교통과 통신이 발달하면서 해외 소식을 자주 접하게 되었지만, 단편적인 정보에 우리의 무관심이 더해져 지금에 이르렀다. 세계는 하나가 되어 간다지만 우리는 여전히 세계를 잘 모른다. 더욱이 아프리카는 거의 모른다.

2) 아프리카의 자연지리

아프리카를 이해하기 위해서는 아프리카의 자연지리적 특징을 몇 가지 살펴볼 필요가 있다. 첫 번째, 아프리카는 대륙의 중심에 적도가 지나간다. 그래서 위도에 따른 기후지역 구분이 적도를 중심으로 대칭적이다. 적도에서 시작해서 남과 북으로 가면서 기후와 식생 경관이 데칼코마니처럼 펼쳐진다는 의미다. 적도 지역의 울창한 열대우림(정글)을 중심에 두고 높은 위도로 가면서 열대몬순, 열대사바나, 아열대, 스텝, 사막이 차례로 이어진다. 여기에 고산기후, 해안의 열대 및 온대기후

등이 더해지는데 지리적인 위치, 고도, 지형 등에 따라 다양한 기후가 나타난다.

두 번째, 아프리카는 'ㄱ'자 형태의 거대한 육지가 단순한 해안선으로 둘러싸여 있다. 이것은 아프리카의 기후에도 영향을 미쳤다. 바다로부터의 수분이 내륙 깊숙이 들어오지 못해서 태양의 회귀(태양이 적도를 중심으로 북회귀선과 남회귀선 사이를 이동하는 것)가 강수의 공간적, 시간적 패턴에 결정적인 요인이 되었다. 그리고 이 두 번째 특징은 전반적으로 단조로운 아프리카의 지형과도 연결되어 있다. 아프리카는 오랜 시간 퇴적과 침식작용으로 지반의 평탄화가 많이 진행된 대륙이기에 그렇다.

하지만 아프리카의 모든 땅이 평탄한 것은 아니다. 고원을 깎아 협곡과 폭포를 만든 강, 깊고 거대한 호수, 하늘로 솟아오른 화산은 굉장히 역동적이다. 또한 사하라 사막, 나일강, 킬리만자로산, 세렝게티 초원, 나미브 사막, 빅토리아 폭포 등 누구나 한번은 들어 봤을 지명들이 생각보다 많다. 이렇게 다양하고 독특한 아프리카의 자연지리학적 특징은 지구의 역사와 함께 이해해야 한다.

3) 아프리카의 인문지리

아프리카에서 자연과 상호작용하며 살아왔던 사람들과 연관된, 즉 아프리카의 인문지리적 특징에 대해 살펴보자. 첫째, 아프리카는 유럽 침입 전에도 많은 민족과 왕국이 흥망성쇠를 거듭하며 독자적인 역사를 만들어 왔던 곳이다. 특히 이집트, 쿠시, 악숨, 가나, 말리, 송가이, 그레이트짐바브웨(대짐바브웨) 등 아프리카에서 영화를 누렸던 왕국의 역사는 다른 대륙의 역사에 뒤지지 않는다. 수많은 민족이 이주와 확산을 거듭하며 그들만의 공간을 가꾸어 왔으며 다른 대륙의 사람들과 활발히 교류했다. 북부 아프리카 사람들은 그리스와 로마, 아랍 지역과 교류했고, 동부 아프리카 사람들은 아랍과 인도 지역과의 무역으로 스와힐리 문화를 만들었다. 하지만 아프리카의 역사는 균형 있게 연구되거나 다른 대륙에 알려지지 못했다. 그 이유로는 아프리카의 문화언어학적 다양성(수많은 부족이 각자 다른 언어를 쓴다는 점), 오랜 기간 무문자 사회였던 점에 기인한 사료(역사적인 문헌)의 부족, 유럽 중심적인 기존의 역사 인식 등 여러 가지가 있다.

둘째, 아프리카 사람들은 다양한 자연환경 속에서 각기 그들만의 문화를 만들어 왔다. 예를 들어, 수년에 한 번 비가 내리는 사막에 적응한 사람들, 극명하게 다른 우기와 건기가 있는 사바나에 적응한 사람들, 매일 소나기가 내리는 정글에 적응한 사람들이 있다. 이들은 사막, 초원, 정글 등 지역마다 달랐던 환경 속에서 끊임없이 자연과 상호작용을 하며 독자적인 문화를 만들었다. 자연과 인간을 바라보는 남다른 철학과 공동체 문화도 돋보인다. 경쟁과 욕심보다는 조화와 균형을 강조했던 그들의 삶은 언어와 속담, 구전 전승되어 온 이야기, 지리적인 경관, 종교적인 의식에 고스란히 남아 있다.

셋째, 아프리카의 경제, 정치 등 사회 전반의 특징이 국가별로 모두 다르며, 동시에 그 사회는 최근 수십 년간 빠르게 변화했다. 경제의 해외의존도, 산업화와 도시화, 지도층의 부정부패 등도 국가별로 크게 다르다. 국민 위에 서서 권력을 남용하는 독재자에 의해 고통받는 나라도 있지만, 민주적이고 투명한 절차에 따라 운영되는 깨끗한 나라도 있다. 풍부한 지하자원으로 경제성장을 이루는 나라도 있지만, 제조업과 서비스업 등 다른 산업에서 두각을 나타내고 경제성장을 이어 가는 나라도 있다. 따라서 민족 구성과 식민 시절의 경험, 자연환경과 자원, 정치적 상황과 국가정책 등을 다양한 지리적 스케일(도시, 국가, 대륙 등)에서 종합적으로 이해하고 지속적으로 수정해 나갈 필요가 있다.

동남부 아프리카

　지난 4년간 세 차례에 걸쳐 다녀왔던 아프리카의 11개국은 모두 동남부 아프리카에 속한다. 동남부 아프리카란 동부 아프리카와 남부 아프리카를 함께 일컫는 지명이다. 그 범위는 아프리카의 북동부 지역, 즉 에티오피아와 소말리아가 있는 '아프리카의 뿔(Horn of Africa)'에서부터 남아프리카공화국이 있는 남부 지역에 이른다. 동부 아프리카와 남부 아프리카를 구분하는 기준은 목적과 주체에 따라 조금씩 차이가 있는데, 일반적으로는 탄자니아 남쪽 국경 또는 잠베지강이 두 지역 사이의 경계가 된다.

1) 동남부 아프리카의 자연지리

동남부 아프리카 국가들의 해발고도는 세계 평균보다 전반적으로 높다. 그래서 같은 위도대의 다른 지역보다 연평균 기온이 낮다. 게다가 적도 인근의 동부 아프리카 지역은 비가 많이 내린다. 이처럼 뜨겁지 않은 선선한 기온과 많은 강수량은 사람이 살기 좋은 환경을 만들어 주었다. 이는 이 지역을 식민통치했던 유럽 국가들이 플랜테이션을 시작할 수 있었던 자연적 배경이기도 했다. 한편, 동남부 아프리카의 기후는 사계절 대신 건기와 우기라는 표현을 사용한다. 비가 오는 시기와 오지 않는 시기가 뚜렷하게 구분되고 이는 경관에 큰 영향을 미치기 때문이다. 1년에 우기를 겪는 횟수도 지역마다 다르다. 케냐와 우간다를 중심으로 적도 인근의 동부 아프리카 지역은 두 번, 그 밖의 지역은 한 번의 우기를 겪는다. 적도 주변은 태양이 수직으로 땅을 내려다보는 시기가 1년에 두 번이기에 그렇다.

동남부 아프리카의 고도가 높은 이유를 이야기할 때 동아프리카 지구대를 빼놓을 수 없다. 동아프리카 지구대는 홍해부터 시작해 동부 아프리카를 지나 말라위와 잠비아까지 뻗어 있는 엄청난 규모의 지구대로 길이가 약 4,000km에 이른다. 현재도 땅의 확장 운동이 일어나고 있는 이 단층대는 판의 경계에 있는 단층대들과 달리 아프리카판 내부에 있다는 점에서 굉장히 흥미로운 곳이다. 이 지구대로 인해 동남부 아프리카에는 국경을 넘나드는 대규모의 역동적인 산맥과 계곡이 많이 발달했다. 탕가니카 호수, 말라위 호수도 이 지구대에 속한다. 또한 이 지구대는 독특한 자연경관에 더해 지구상에서 가장 많은 야생 동물이 분포하는 곳 중 하나다. 자연과학적, 생태학적으로의 뛰어난 관광자원이 많다는 뜻이다. 내가 처음 케냐에서 가장 매력적으로 느꼈던 자연적인 요소 역시 동아프리카 지구대였다.

2) 동남부 아프리카의 인문지리

아프리카가 인류의 기원이라는 학자들의 견해는 동남부 아프리카의 고고학 유적에 근거한다. 특히 동아프리카 지구대를 중심으로 수백만 년 된 원시인류의 흔적들이 남아 있다. 그래서 동남부 아프리카는 지구에서 가장 오래된 인류 역사를 지닌다고 할 수 있다. 현생 인류 탄생 이후에는 다양한 부족 사회와 거대한 제국으로 역사가 흘러갔다. 우선 동부 아프리카 북부, 즉 현재의 이집트, 수단, 에티오피아 지역에서는 쿠시, 누비아, 악슘 제국이 기원 전후에 걸쳐 자리 잡았었다. 서부 아프리카에서는 가나, 말리, 송가이 제국이 차례로 번성했는데 중세시대에는 유럽이나 중동보다 더 부유했다고도 한다. 중세시대를 지나면서 동남부 아프리카에는 많은 민족 사회와 왕조가 형성되었다. 이들은 흥망성쇠를 거듭하며 서로 교류하고 그들만의 문화를 만들어 나갔다. 그 대표적인 예가 11~16세기 쇼나족의 유산인 그레이트짐바브웨(대짐바브웨) 유적이다.

아프리카의 역사가 유럽의 식민통치 이전까지는 고립되었다고 알고 있는 사람이 많지만, 모든 지역이 그렇지는 않다. 고대부터 동부 아프리카 해안은 인도양을 마주하는 지역들과 교류했다. 기원후 700~900년에 이르면서 사하라 사막 남쪽 지역과 동부 아프리카 해안은 이슬람의 확산에 강한 영향을 받았다. 특히 그 시기에 동부 아프리카 스와힐리족과 아랍인들 사이의 무역이 활발했다. 15세기 이후에는 유럽의 탐험가, 선교사, 사업가, 군인이 들어오기 시작했다. 19세기부터는 포르투갈, 독일, 영국, 프랑스, 벨기에 등 유럽 국가들에 의한 본격적인 식민통치가 시작되었다. 그들은 '국가'의 개념을 강압적으로 적용해 국경을 그었고, 노예무역을 이어 갔으며 자원을 약탈했다. 그 어두운 시간을 보내고 20세기, 특히 1960년대에 이르러 동남부 아프리카의 많은 국가가 독립했다. 그리고 현대적인 국가의 모습을 갖추어 나갔다. 각 국가 지도층의 국정기조와 국가 운영방식은 달랐고, 이로 인해 정치, 경제, 문화 등 많은 분야에서 국가별 차이가 뚜렷해졌다.

석유, 광물 등 자원에 대한 경제 의존도가 높은 것은 아프리카 대륙의 전반적인 특징이다. 그런데 이러한 특징도 변하고 있다. 최근 아프리카에서 높은 성장률을 보이는 국가들은 비교적 자원이 많지 않은 나라들이다. 그 예가 제조업과 서비스업 비중을 높여 가고 있는 에티오피아와 케냐다. 동남부 아프리카에서는 관광산업도 활발하다. 그 이유는 서부 아프리카와 중앙아프리카에 비해 비자 발급이 쉽고 치안 상황이 좋다는 데 있다. 치안 상황에는 여러 가지 변수가 있다. 정권 교체로 인한 무력 충돌 가능성, 국경을 넘는 종교 갈등, 국지적인 부족 간 대립 등 다양

한 요소가 큰 영향을 미친다. 외교부의 해외안전여행 사이트의 아프리카 여행경보
제도를 보면, 동남부 아프리카 지역은 다른 사하라 이남 아프리카 지역들보다 상
대적으로 안전하다는 것을 알 수 있다. 다만 에티오피아, 케냐, 르완다, 짐바브웨
등에서는 정치, 종교, 부족 간 갈등에 의해 최근까지도 여러 사건이 일어났다. 내가
큰 문제 없이 동남부 아프리카를 오랜 기간 다녀올 수 있었던 것도 안정적인 정치
상황과 양호한 치안 상황, 관광산업의 발달과 사회기반시설의 증가 등과 같은 인
문지리적 요인이 있었기 때문이다.

3) 3차 유랑 경로

지리적인 중요도가 높은 곳은 빠뜨리지 않으려고 노력했지만, 제한된 비용과 시
간 때문에 유랑의 공간적 범위를 좁힐 수밖에 없었다. 그래서 효과적인 유랑을 위
해 지역과 경로 선정에 특히 고심했다. 우선 지리적으로 중요하다고 생각하는 곳
을 중심으로 유랑 지역을 선정했다. 그리고 남아프리카공화국 케이프타운에서 나
미비아 스바코프문트로 가는 길을 제외한 전 구간에서 대중교통을 활용했기에 도
시와 주요 마을을 거점으로 두고 경로를 계획했다.

전체 경로를 간략하게 소개하자면, 2016년 8월 중순 남아프리카공화국에서 시
작해 그해 11월 초 탄자니아에서 끝나는 경로다. 비행기로 남아프리카공화국의 요
하네스버그에 들어갔다. 그리고 버스를 타고 케이프타운으로 향했다. 드라켄즈버
그산맥을 거쳐 더반과 포트엘리자베스 등 동남부 해안을 가고 싶었지만, 케이프타
운에서 나미비아 비자를 받는 데 며칠의 시간이 필요해 여유가 없었다. 대신 케이
프타운에서 많은 것을 볼 수 있었다.

나미비아 스바코프문트까지는 '트럭킹'이라는 관광 서비스를 이용했다. 나미비
아는 인구 밀도가 낮아 대중교통으로는 사막과 협곡 등 주요 답사지역을 갈 수 없
기 때문이다. 스바코프문트부터는 다시 대중교통을 이용해 빈트후크로 갔다.

보츠와나에서는 오카방고 델타를 보기 위해 마운에 잠시 들렀다. 그리고 칼라하
리 사막을 지나 보츠와나의 수도 가보로네로 갔다.

짐바브웨에서는 불라와요에서 시작해 동쪽의 그레이트짐바브웨 유적을 본 후, 서쪽의 그웨루를 통해 하라레로 갔다. 이렇게 멀리 둘러 간 이유는 그레이트다이크라는 독특한 지질경관을 지나가기 위해서다. 이어 치노이 동굴과 카리바 호수로 갔다.

잠비아에서는 빅토리아 폭포, 잠베지강 그리고 로지 사람들의 마을을 보기 위해 남서부 지역을 시계 방향으로 한 바퀴 돌았다. 이후 코퍼벨트 지역의 도시들을 다녀왔고, 루사카로 돌아와 말라위 국경에 인접한 치파타로 갔다.

말라위는 릴롱궤에서 시작했다. 여기서 바로 북쪽으로 가지 않고 블랜타이어와 좀바가 있는 남부를 들러서 갔다. 이어 말라위 호수 지역을 다녔고, 산지 지역을 보기 위해 카롱가, 음짐바를 지나면서 음주주로 올라갔다.

탄자니아의 시작은 음베야 산지였다. 이후 이링가와 모로고로를 들러서 도도마로 갔다. 그다음에도 싱기다를 들러 가는 경로로 아루샤로 향했다. 이렇게 두 번 돌아간 이유는 버스 안에서라도 다양한 지역을 보기 위함이었다. 그리고 킬리만자로 산지와 우삼바라 산지를 본 뒤 다르에스살람으로 갔다. 마지막에 들른 곳은 잔지바르섬이었다.

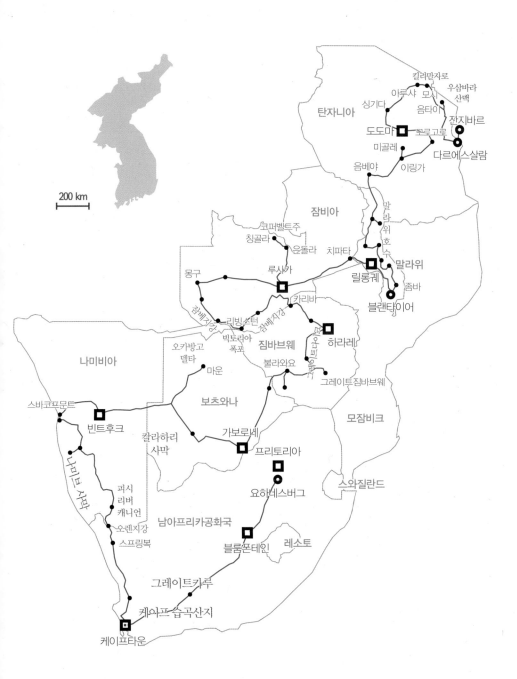

200 km

킬리만자로
우삼바라 산맥
탄자니아
싱기다
아루샤 모시
음타이
잔지바르
도도마
모로고로
다르에스살람
미골레
음베야
이링가
잠비아
말라위 호수
코퍼벨트주
칭골라
응돌라
치파타
말라위
루사카
릴롱궤
좀바
몽구
잠베지강
리빙스턴
잠베지강
카리바
블랜타이어
나미비아
오카방고 델타
빅토리아 폭포
짐바브웨
하라레
마운
불라와요
그레이트짐바브웨
스바코프문트
빈트후크
보츠와나
모잠비크
칼라하리 사막
가보로네
프리토리아
나미브 사막
퍼시 리버 캐니언
오렌지강
스프링복
남아프리카공화국
요하네스버그
스와질란드
블룸폰테인
레소토
그레이트카루
케아프습곡산지
케이프타운

4) 들어가기 전에

＊지리 용어

본 에세이는 지리학을 기반으로 쓴 것이다. 따라서 앞서 말한 지리학의 성격이 그런 것처럼 생각보다 많은 주제를 다룬다. 이는 다양한 이야기를 담을 수 있다는 장점과 여러 분야의 지리 용어가 등장해 사람들이 보기에 어려울 수 있다는 단점이 있다.

인문지리학의 경우는 사람들의 이야기라서 우리에게 익숙한 용어가 많다. 하지만 자연지리학의 경우는 지구의 이야기라서 생소한 용어가 많다. 단층, 삼각주 등 초등학교 때부터 들어 왔지만 여전히 거리감이 있는 용어부터 고등학교 지리 교과서에 등장하는 스텝, 지중해성 기후와 같은 용어는 물론 대학교에서 배우는 에스카프먼트, 누층군 등의 용어도 나온다. 내용 자체가 지리적이기에 다소 어려운 용어의 사용을 피할 수 없었고 이 책의 한계이기도 하다. 어려운 용어는 간단한 설명을 함께 써 두었다. 혹시 이해가 잘 가지 않는다면, 인터넷에서 찾아보면 쉽게 해결할 수 있을 것이다.

＊지명

지명의 표기는 가능한 한 국립국어원의 외래어 표기법을 따르고자 노력했다. 잘 알려지지 않은 지역, 마을, 지형 등 아직 용례가 없는 경우에는 로마자 표기와 현지 발음을 모두 고려하여 한글로 표기했고, 영문도 함께 써 두었다.

＊지도

이 책에 나오는 모든 지도는 직접 그렸다. 지형지물의 위치와 중요도에 대해서는 현지에서 사용하는 지리부도와 지리 교과서를 가장 많이 활용했다. 눈에 쉽게 들어오게 하려고 한글 표기만 했다. 유의해야 할 점은 다녀온 지역을 중심으로 만들었다는 점이다. 따라서 국가별 지도는 해당 국가의 주요 도시나 마을, 길, 지형지물, 국립공원 등이 모두 표시된 것이 아니며, 에세이의 공간적 범위를 벗어나는 것은 대부분 생략했다.

다음은 국가 개관에서 제시한 국가별 지도에 관한 사항이다. 검은색 지명은 답사지, 경로상 중요한 곳, 에세이에 등장하는 곳 등을 중심으로 표시했다. 빨간색 지명은 국경을 접하고 있는 주변 국가들이다. 회색 지명은 주(Province, Region) 또는 구(District) 단위이다. 호수는 파란색, 국립공원은 녹색, 그 외 지형지물은 갈색으로 표시했다.

3차 유랑(2016년)의 경로를 빨간 선으로 이었고, 참고로 2차 유랑(2015년)의 경로를 파란 선으로 이었다. 그 밖의 주요 도로는 갈색의 가는 선으로 이어 다른 지역과의 연결성을 표시했다. 한편, 3차 유랑의 경로 위에는 도로 이름을 별도로 써 두었다. 에세이에서 제시한 경로상의 사진에도 도로 이름을 남겨 두었으니, 지도와 함께 보면 이해하기 쉽다.

에세이

남아프리카공화국 프리토리아(Pretoria) 인근 비행기에서

아프리카, 세 번째

2013년 9월 처음 비행기에서 아프리카 케냐를 보았을 때 들었던 생각이 아직도 기억난다. '건조 지역엔 가지 말아야겠다. 잘못하면 죽겠다.' 그렇게 두려웠다.

세 번째 유랑, 조금은 익숙한 땅이지만 여전히 두렵다. 즐기는 여행이 아니라 좋은 일을 하고싶었다. 하지만 그게 쉽지 않은 대륙이라는 것을 알고 있다.

그런데도 설레는 것만큼은 처음과 마찬가지다. 익숙해지기에는 너무 넓어 다양한 대륙, 항상 변화하는 대륙, 보고 또 봐도 아름답고 멋진 대륙, 오래 있으면 있을수록 내가 살아 있음을 느끼게 하는 대륙, 웃음과 눈물이 모두 소중한 대륙이기 때문이다.

남아프리카공화국

세계 최초의 흑인 대통령이 탄생한 나라
수많은 민족과 부족이 공존하는 나라
열한 개의 언어를 공식어로 인정한 나라
삼권 분립을 공간에 적용해 수도가 3개인 나라

데스몬드 투투 대주교가 말했듯,
남아프리카공화국은 '무지개 나라'다.

남아프리카공화국 개관

국명	Republic of South Africa (ZAF)
수도	프리토리아(행정), 케이프타운(입법), 블룸폰테인(사법)
면적(㎢)	1,219,090㎢ 세계 25위 (CIA)
인구(명)	54,300,704명 세계 26위 (2016 est, CIA)
인구밀도	44.5명/㎢ (2016 est, CIA)
명목GDP	2,804억$ 세계 40위 (2016, IMF)
1인당 명목GDP	5,018$ 세계 97위 (2016, IMF)
지니계수	63.38 (2011 est, World Bank)
인간개발지수	0.666 세계 119위 (2015, UNDP)
IHDI	0.435 (2015, UNDP) *IHDI: 불평등조정인간개발지수
부패인식지수	45 세계 64위 (2016, TI)
언어	아프리칸스어, 영어, 남은데벨레어, 북소토어, 남소토어, 스와지어, 총가어, 츠와나어, 벤다어, 코사어, 줄루어

　　남아프리카공화국은 아프리카 남단에 위치하며 동, 서, 남으로 바다에 면한다. 동남부 해안(인도양)은 따뜻한 아굴라스 해류가 흘러 공기가 따뜻하고 대류가 활발하며 강수량이 많다. 반대로 서부 해안(대서양)은 차가운 벵겔라 해류가 흘러 대기가 안정적이고 강수량이 적다. 한편 내륙의 고원은 바다의 수분이 차단되어 해안보다 건조하다. 그래서 내륙의 건조기후(B), 해안의 온대기후(C)로 요약할 수 있다.

　　남아프리카공화국은 전체적으로 넓은 고원으로 이루어져 평균고도가 1,034m(CIA 기준)에 이른다. 고원과 해안 사이에는 해안과 나란하게 동북쪽에서 남서쪽으로 뻗어가는 대단층애(Great Escarpment)가 있다. '단층애'란 단층으로 인해 생긴 급경사면과 절벽을 말한다. 대단층애는 전반적으로 산맥의 형태인데 동북쪽의 레소토 국경지역에서는 드라켄즈버그산맥으로 이루어져 있고, 웨스턴케이프주에서는 케이프 습곡산지와 연결된다. 이 대단층애는 해안의 좁고 긴 저지대와 내륙의 넓은 고원의 경계이자 건조한 기후와 습윤한 기후의 경계다.

* 지난 2차 유랑(파란색 경로)에서는 요하네스버그, 드라켄즈버그산맥, 레소토, 블룸폰테인, 그
  라프라이넷, 나이스나, 케이프타운 순으로 다녔다. 그리고 프리토리아로 가서 스와질란드, 모
  잠비크, 짐바브웨, 보츠와나 등 시계 반대 방향으로 돌아서 다시 프리토리아로 왔다.

여행 경로 개관

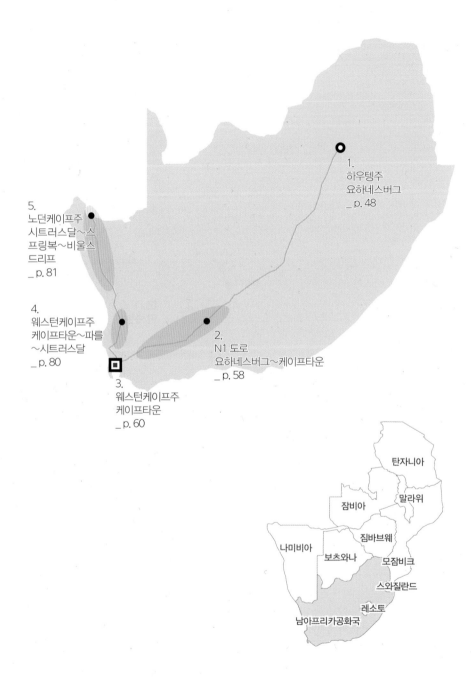

1.
하우텡주
요하네스버그
_ p. 48

5.
노던케이프주
시트러스달~스
프링복~비울스
드리프
_ p. 81

4.
웨스턴케이프주
케이프타운~파를
~시트러스달
_ p. 80

2.
N1 도로
요하네스버그~케이프타운
_ p. 58

3.
웨스턴케이프주
케이프타운
_ p. 60

탄자니아

말라위

잠비아

짐바브웨

나미비아

보츠와나

모잠비크

스와질란드

레소토

남아프리카공화국

1. 하우텡주 _ 요하네스버그

3차 유랑의 출발점은 요하네스버그다. 남아프리카공화국으로 들어가서 에티오피아에서 귀국하는 가장 저렴한 항공권은 에티오피아 항공사의 요하네스버그 인(in), 아디스아바바 아웃(out) 티켓이었다. 요하네스버그에서는 지난 2차 유랑에서 보지 못했던 요하네스버그 도심과 소웨토 지역을 중심으로 답사를 했다.

2. N1 도로 _ 요하네스버그 ~ 케이프타운

나미비아 비자를 받아야 하는 시간을 고려해 곧바로 케이프타운으로 갔다. 1박 2일 버스의 맨 앞자리에서 그레이트카루고원과 케이프 습곡산지를 살펴보았다. 고원과 습곡산지의 지리적인 경계는 움직이는 땅의 강력한 힘을 반영하고 있었다.

3. 웨스턴케이프주 _ 케이프타운

남아프리카공화국에서 가장 많은 시간을 보낸 도시다. 도심은 물론 콘스탄티아(와인산지), 이미자모예투(저소득층 거주지역) 등 주변 지역까지 다양한 모습을 보았다.

4. 웨스턴케이프주 _ 케이프타운 ~ 파를 ~ 시트러스달

웨스턴케이프주는 남아프리카공화국 남단에 있는 주(Province)다. 케이프타운에서 10여 명의 외국인과 함께 나미비아로 가는 트럭킹 투어를 시작했다. 파를 남쪽의 와이너리를 보고 달링을 거쳐 세더버그산맥 지역의 시트러스달에서 캠핑을 했다.

5. 노던케이프주 _ 시트러스달 ~ 스프링복 ~ 비울스드리프

트럭킹 둘째 날에는 루이보스 산지, 야생화 서식지, 스프링복을 지나면서 점점 건조 지역에 들어섰다. 국경도시인 비울스드리프 인근의 오렌지강가에서 캠핑을 했다.

요하네스버그 도심 _ Johannesburg CBD

칼튼센터(Carlton Centre)에서 본 요하네스버그, 하우텡(Gauteng)주

아프리카 대륙에서 가장 큰 도시 중 하나인 요하네스버그는 여행하기 위험한 곳으로도 유명하다. 그런데도 남부 아프리카 교통의 요지이기 때문에 나의 아프리카 유랑에서 가장 자주 방문한 도시이기도 하다.

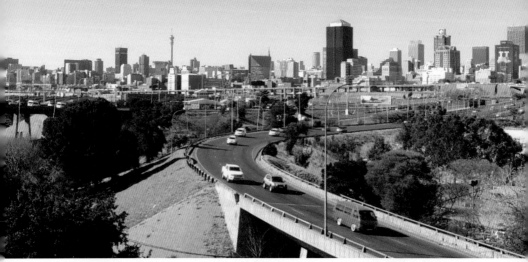

요하네스버그 도심 전경

■ 요하네스버그

2015년, 공항 주변 숙소 주인과의 대화

_ 지금 도심에 가 봐도 괜찮을까? 안 돼. 가지 마.

_ 렌터카를 했는데도? 주변으로 돌아서 가. 도심은 가지 마.

2016년, 차이나타운 주변 숙소 직원과의 대화

_ 택시 타고 도심으로 가도 될까? 안전을 보장할 수는 없어.

_ 기차역은 안전할까? 밖으로 나오지 않으면!

한 잡지의 설문조사 결과, 세계에서 가장 불친절한 도시 1위로 꼽힌 이곳 요하네스버그. 그 불친절함에도 이 도시가 남부 아프리카에 미치는 경제적, 행정적 영향력은 매우 크다. 하지만 그 영향력은 그리 오래된 것이 아니다.

19세기 후반, 금광이 개발되면서 요하네스버그의 급격한 산업화와 도시화가 진행되었다. 국가, 부족을 막론하고 수많은 사람이 모여든 결과, 이곳은 남부 아프리카의 최대 도시가 되었다. 하지만 경제 발전 속도를 따라가지 못하는 도심의 치안은 계속 악화되었다. 그 때문일까. 다른 국가의 도심과 달리 요하네스버그의 도심에는 유독 텅 빈 건물들이 많다. 그렇지만 이곳의 중요성을 암시하듯 교외지역에

파크역, 요하네스버그

는 새로운 부도심들이 생겨나 도시의 범위를 더욱 넓혀 가고 있다.

시티투어버스(City Sightseeing)는 고마운 관광 서비스다. 아직은 위험하다는 도심과 그 외곽을 볼 수 있기 때문이다. 그런데 투어버스의 출발지가 도심 한가운데의 파크역(Park Station)이다. 떨리는 마음으로 택시에서 내렸다. 역의 짐 보관소를 갔는데, 한 직원이 너무 높은 가격을 불렀다. 주변에 경찰이 보여 확인하려던 찰나, 그 직원이 눈치채고 제 가격을 부른다. 기분 좋게 웃으며 짐은 안전하다고 말했다. 이유는 모르겠지만 그의 눈을 보고 안전할 거라는 믿음이 생겼다. 그는 그저 요행을 바랐을 뿐이다. 요하네스버그는 1,700~1,800m에 이르는 고원에 자리한 도시다. 8월, 한겨울의 아침은 쌀쌀하지만 해가 떠오르니 상쾌했다.

누군가는 요하네스버그를 실패한 도시라고 말한다. 하지만 이곳의 아침은 여전히 많은 이들의 숨결이 모여 시작된다. 내가 말라위에서 만난 한 청년은 요하네스버그에서 일해서 가족들에게 돈을 보내는 것이 꿈이라고 했다. 여전히 누군가에겐 꿈의 도시인 요하네스버그다. 정돈된 도로와 분명한 신호체계에 따라 호흡을 반복하는 사람들이 있는 곳. 나는 여기서 도시의 희망을 본다.

주유소 담벼락에 앉아

건물 난간에 앉아 대화를 나누는 청년들

그리고 친구들과 사진을 찍는 청년들에게도

요하네스버그는 보금자리다.

소웨토 지역의 딥클루프(Diepkloof), 하우텡주

■ 소웨토와 아파르트헤이트

  과거 요하네스버그가 광산 개발과 상공업 발달로 많은 노동자와 상인을 끌어모았을 때, 도시 주변에는 주거지역이 넓게 형성되었다. 현재 그 지역엔 고급 주택단지도 있지만 슬럼도 많다. 그 슬럼들 중에서도 가장 유명한 곳이 소웨토('South Western Townships' 또는 'So Where To')다. 왜냐하면 이곳은 1948년에 집권한 보어계(17세기 남아프리카공화국으로 이주한 네덜란드인의 후손) 정부가 아파르트헤이트(Apartheid, 인종분리정책)의 일환으로 지정한 흑인 주거지역이었기 때문이다.

헥터 피터슨 기념비, 소웨토

  1976년, 백인 중심의 일방적인 교육정책에 반발해 수많은 소웨토 학생들이 거리로 나왔다. 하지만 경찰의 진압과정에서 수백 명이 사망했고, 그중 한 명이 왼쪽 사진을 통해 전 세계에 알려진 헥터 피터슨(Hector Pieterson)이다. 그리고 이 사건이 인종차별정책 저항운동의 상징인 소웨토 항쟁이다. 하지만 인종차

클립스프루트(Klipspruit), 소웨토

별 3대 악법(거주 지역, 토지, 주민등록)이 폐지된 것은 한참 후인 1991년이다. 또
한 인종차별 관련 정책들이 폐지된 것은 넬슨 만델라가 집권한 1994년이다.

시티투어버스 가이드가 이곳의 열악한 환경에 관해 설명할 때마다 유럽에서 온
관광객들의 탄식이 이어졌다. 하지만 그곳의 상황이 나쁘게만 보이지 않았다. 정
부에서 추진하는 소웨토 지역의 부동산, 일자리 등과 관련된 정책들 덕분이다. 물
론 이는 어디까지나 동부 아프리카 최대 슬럼인 케냐의 키베라(Kibera)와 비교했
을 때의 이야기다. 쓰레기가 길거리에 끝없이 쌓여 있다거나 무너질 듯한 집이 이
어지던 2013년의 그곳과 견주어 보면, 소웨토의 사정은 긍정적이었다. 탄자니아
에서 만난 한 일본인 세계여행가는 소웨토에 백패커스가 하나 있었는데 최고였다
고 말했다.

요하네스버그의 도시 이미지

2017년 2월, 한 보도자료에서 아프리카 도시에 관한 소식을 접했다. 스위스 로잔연방공과대학 (EPFL)연구소의 조사에 따르면 모로코 마라케시에 이어 요하네스버그가 아프리카 대륙의 살기 좋은 100대 도시에서 2위를 차지했다는 것이다. 한 여행 잡지의 설문 결과와 한 연구소의 조사 결과는 크게 대비된다. 우리는 이 두 가지의 결과를 어떻게 받아 들여야 할까. 살아가기 좋은 곳과 여행하기 좋은 곳이 다를 수 있다는 것만큼은 확실하다. 또한 세상에 알려진 한 도시의 이미지와 실재하는 도시 정체성 간의 차이는 크다는 것도 알 수 있다.

파크역에서 케이프타운으로 가는 밤 버스를 타기 전에 역 안의 상점에서 저녁거리를 샀다. 그런데 잔돈이 안 보여서 옆으로 나와 주머니를 뒤지는데, 점원이 그냥 가라고 한다. 내 뒤에 줄을 서 있던 사람이 대신 내고 갔다고.

이곳의 위험과 안전에 관한 이야기는 도심을 포함하여 그 주변에서 살아가는 440만 요하네스버그 주민들의 삶 전부를 대변하는 목소리가 아니다. 어떠한 공간은 그곳이 위험하다고 생각하는 이에게 가장 위험할지도 모른다.

■ N1 도로 _요하네스버그 ~ 케이프타운

대중교통을 이용하면 어려운 것 중 하나가 달리고 있는 길을 사진으로 담는 일이다. 그런데, 촬영하기에 아주 좋은 경우가 있다. 남부 아프리카의 주요 도시를 이어 주는 인터케이프 버스회사의 2층 버스를 탈 때다. 2층 맨 앞자리에 앉으면 넓은 전면 유리창을 통해 시원하게 앞을 보며 사진을 찍을 수 있다. 짐바브웨, 남아프리카공화국 등에서 몇 번 이용했었는데 안전하고 좋았다.

특히 남아프리카공화국의 시원한 고원을 내달리는 1번 국도(N1)는 잊을 수 없다. 요하네스버그에서 케이프타운으로 가는 오후 5시 45분 출발 인터케이프 버스 2층의 오른쪽 창가 좌석이었다. 겨울이라 해가 지고 출발했고, 도심의 저녁 풍경을 볼 수 있었다. 별과 함께 버스에서 깊은 잠이 들었다가, 아침 햇살이 들어오면서 자연스럽게 눈을 떴다. 그때부터 시작되었다. 광활한 대지의 숨결이 들려오는 설레는 여정, 그리고 보퍼트웨스트(Beaufort West)를 시작으로 카루 누층군(Karoo Supergroup)의 고원과 케이프 누층군(Cape Supergroup)의 습곡을 보는 지리 여정이.

이튿날 일출 무렵에 카루 누층군의 그레이트카루(Great Karoo)라는 건조한 고원을 달렸다. 왼쪽 창문으로는 일출이 보였고, 앞쪽과 오른쪽 창문으로는 순광 아래 펼쳐진 반사막(semi-desert)이 보였다.

해가 많이 올라 눈이 부셔 올 즈음, 남쪽으로 향하던 버스는 케이프타운을 향해 동쪽으로 전향하면서 해를 등지게 되었다. 분지를 통과하는 순간까지 건조한 평원과 키가 작은 식생을 볼 수 있었다.

평원이 끝나고 역동적인 산지를 지나간다. 케이프 누층군의 케이프 습곡산지다. 이 산지를 경계로, 반건조 기후를 뒤로하고 겨울에 습윤한 지중해성 기후에 들어서는 것이다. 산 너머로 짙은 구름이 보이는 이유다. 곧 케이프타운이다.

* 누층군 : 암석의 특징으로 구분하는 지층의 단위 중 가장 큰 단위

케이프타운 _ Cape Town

라이온즈헤드에서 본 케이프타운, 웨스턴케이프(Western Cape)주

자연과 도시의 관계는 다음과 같이 설명할 수 있다. 지질학적 시대라는 인간이 실감하기 어려운 긴 시간 동안 만들어진 자연, 인류 역사 속에서 인간의 정착과 변화를 통해 만들어진 도시, 그리고 그 자연과 도시의 끊임없는 상호작용.

■ 입법 수도 케이프타운

케이프타운은 남아프리카공화국의 남서부 해안에 위치한다. 의회가 있는 입법 수도이자 요하네스버그에 이어 남아프리카공화국에서 두 번째로 인구가 많은 대도시권의 중심지다. 케이프반도와 테이블마운틴(테이블산) 등 지질학적·생물학적으로 가치가 높은 자연환경을 기반으로 한다. 또한 다른 대륙 또는 지역과의 관계도 오랜 과거부터 형성되었다. 그래서 사람들이 많이 오가거나 정착하면서 여러 문화가 공존하게 되었고, 이러한 역사가 특별한 도시경관을 남겼다.

이렇게 자연적으로 아름답고, 문화적으로 융성한 도시 케이프타운은 많은 여행자의 사랑을 받고 있다. CNN, 뉴욕타임즈, 영국의 텔레그래프 등 유명 언론 및 여행 유관기관에서 케이프타운을 여행하기에 가장 좋은 도시 중 하나로 선정한 바 있다.

일반적으로 케이프타운이라 검색하면 나오는 사진 속 지역은 테이블마운틴을 등지고 대서양을 마주하는 도심 지역으로, 'City Bowl'이라 불린다. 그 안에서도 고층빌딩이 밀집한 중심업무지구의 행정구역 이름은 'Cape Town City Centre'다. 이 시티센터 주변에는 주거, 농업, 상업, 공업지역이 펼쳐지는데 역사, 지리, 문화가 달라 각자의 지역성을 가진다. 그래서 도시지리의 관점에서 케이프타운의 역사와 공간적 분화 등을 살펴보는 것은 흥미롭다.

캐슬오브굿호프, 케이프타운

■ 케이프타운의 역사

1488년, 포르투갈의 탐험가 바르톨로메우 디아스(Bartolomeu Diaz)가 케이프
타운 남쪽의 희망봉에 도착했다. 하지만 도시 건설의 시작은 얀 반 리베크(Jan van
Riebeeck)가 네덜란드 동인도회사를 세웠던 1652년이다. 이후 케이프타운은 네
덜란드인들의 무역 기지가 되었다. 그리고 자연스럽게 유럽인들의 정착지가 확장
되었다. 처음에는 원주민이었던 코이(Khoi)족과 교류도 했지만, 유럽인들의 세력
이 커지며 무력 충돌도 일어났다고 한다.

17세기 후반에는 프랑스 위그노기 종교 박해를 피해 남아프리카공화국으로 들
어오면서 유럽 인구가 늘어났고 도시는 계속 확장되었다. 18세기 후반부터 영국의
세력이 커지면서 케이프타운은 영국인들의 식민 거점이 되었다. 네덜란드와 영국
의 무역 기지, 식민 거점이 되어 남아프리카공화국의 중심지로 규모가 커졌던 케
이프타운. 도시 곳곳에 남아 있는 유럽인들의 흔적은 '세계적인 다문화 도시'로 마
무리된다. 현재 케이프타운을 소개할 때마다 빠지지 않는 멋진 대명사다.

_ 캐슬오브굿호프

캐슬오브굿호프(Castle of Good Hope)는 남아프리카공화국에서 가장 오래된
식민지 건물로, 1666년부터 십여 년간 건설되었다. 영국의 식민 시절에는 정부 건

물로 사용되었다. 이 건물이 있는 곳은 도심 동쪽, 기차역과 항구가 있는 포쇼어 (Foreshore) 지역이다. 케이프타운이 건설되기 시작했을 때부터 교통과 산업 기능이 집중된 곳이자, 과거 유럽인들이 가졌던 권력의 중심지다.

도시 역사에 관한 설명은 이 정도면 큰 문제가 없어 보인다. 하지만 깊게 생각할 필요가 있다. 역사에 관한 서술은 관점에 따라 달라지기 때문이다. 과연 유럽인의 무역 활동과 식민통치가 있었기에 멋진 도시가 만들어진 것인가. 이미 그곳에 살고 있었거나 다양한 경로로 도시로 왔던 수많은 사람의 역사는 어디에 있는가. 결론부터 말하자면 오직 유럽인만이 케이프타운의 역사가 아니며, 유색인의 역사 또한 케이프타운 곳곳에 분명히 남아 있다. 지금부터는 몇몇 장소(place) 또는 현장(site)에서 어두운 시절을 견디며 살아왔던 사람들의 이야기를 살펴보자. 거기엔 원주민, 노예, 상인, 흑인, 황인, 무슬림 등이 있다.

_ 로벤섬

시그널힐 서쪽의 시포인트(Sea Point) 지역에는 백인들이 많이 거주한다. 그 지역은 나지막한 언덕을 등지고 광대한 대서양을 마주 보고 있다. 하지만 그 아름다운 곳 너머에 상징적인 장소가 있다. 바다에 홀로 떠 있는 로벤섬(Robben I.)이다.

로벤섬과 시포인트 지역, *케이프타운*

평평하고 작은 그 섬은 백인 정권 시절의 정치범 강제 수용소였다. 한때 '감옥섬'으로도 불린 그곳에 넬슨 만델라는 18년 동안 갇혀 있었다. 만델라가 대통령이 된 이후 1996년에 감옥은 폐쇄되고, 이듬해에 박물관이 되었다. 중요한 것은 만델라의 철학이다. 백인과 흑인이 하나가 되는 영화 〈우리가 꿈꾸는 기적: 인빅터스〉에서 느낄 수 있듯이, 최초의 흑인 대통령과 함께 정권 교체를 이룬 남아프리카공화국은 그 땅에 사는 모두를 주인으로 인정하고자 했다.

_ 보캅

케이프타운에 무역 기지를 만들던 시절, 네덜란드는 동남아시아 지역에서도 식민지를 건설했다. 그때 저항이 심했던 말레이계 사람들을 노예로 삼아 케이프타운으로 데려왔다. 그리고 시그널힐의 동쪽 사면에 정착시켰다. 이렇게 정착한 그들은 이슬람을 믿는 유색인이자 노예였기에 심한 차별을 받았다. 하지만 오랜 시간이 흘러 인종차별은 폐지되었고 주민들은 이를 기념하며 마을을 아름답게 꾸며나갔다. 흥미로운 점은 옆집과는 서로 다른 색으로 페인트를 칠하기로 했다는 것이다. 그래서 보캅(Bo-Kaap)은 억압으로부터의 해방, 종교의 자유, 조화와 화합을 의미하는 상징적 장소라고 할 수 있다. 말레이계 사람들, 그리고 아시아와 아프리카에서 이주해 왔던 수많은 사람들이 바로 보캅 역사의 주인공이다.

보캅, 케이프타운

이렇게 케이프타운에는 각자의 이야기를 가진 장소가 많다. 케이프 식민지의 역사, 넬슨 만델라의 철학, 인종차별과 화합의 현장, 다양한 민족과 언어의 공존, 계속되는 사회 양극화 등 주제도 다양하다. 하지만 많은 이야기를 가진다고 목소리까지 가진 것은 아니다. 왜냐하면 외부에서 관심을 보여야 이야깃거리를 가진 사람들이 목소리를 낼 수 있기 때문이다. 우리가 어떠한 도시를 알아 갈 때 권력의 중심인 도심뿐만 아니라 주변 지역을 둘러보고 소수의 이야기에도 귀를 열어야 하는 이유가 여기에 있다. 그 모습이 눈에 보이지 않고 그 이야기가 귀에 들리지 않는다고 해서 존재하지 않는 것은 아니다.

높은 건물이 있다는 것은 누군가는 하늘에서 위태롭게 일을 해야 한다는 것을 의미한다.

거리의 음악 소리가 감미롭게, 때로는 구슬프게 들린다. 예술가의 마음이 그런지 모르지만, 나의 마음은 그렇다.

같은 하늘 아래에서 왜 이렇게 다르게 살아가는가. 이런 고민을 시작하면 마음의 무게를 말로 설명할 수 없다.

해 질 녘, 버스를 기다리는 사람들

광장에 모여 있는 또 다른 사람들

건물 위로 자유롭게 날아가는 새들

케이프타운의 상반된 두 가지 모습. 그 두 모습이 아닌 세 가지, 네 가지, 그 이상의 모습을 발견하고 빛나는 밤을 기다린다. 그 밤에도 기도하겠지. 생각다운 생각을 하는, 사람다운 사람이 되기를….

테이블마운틴 _ Table Mountain

라이온즈헤드에서 본 테이블마운틴, *케이프타*운

수억 년 전, 바다에서 만들어진 사암층이 지각변동으로 육지에 드러났다. 그리고 오랜 풍화 작용 속에서 단단한 사암층만 책상처럼 평평하게 남았다. 정상부가 1,000m에 이를 정도로 높은 이 산은 케이프타운의 자연경관을 주도한다.

테이블마운틴에서 본 라이온즈헤드(왼쪽 봉우리)와 시그널힐(오른쪽 언덕). *케이프타운*

■ 케이프타운의 자연

　케이프타운의 자연경관을 간단히 표현하자면 해안의 독특한 산지와 넓은 평야다. 케이프타운은 이러한 자연경관 속에 조화롭게 자리 잡았다. 그래서 도시경관은 앞서 살펴본 인문지리적 다양성에 자연지리적 역동성이 더해진다.

　우선 케이프타운의 도심 남쪽에는 테이블마운틴이 병풍처럼 서 있다. 그리고 테이블마운틴 북서쪽의 낮은 고개를 지나면 라이온즈헤드((Lion's Head)가 다시 한 번 하늘로 향한다. 라이온즈헤드는 북동쪽으로 나지막한 언덕인 시그널힐(Signal Hill)로 이어지고, 시그널힐은 바다에 닿기 전에 시가지와 만난다. 테이블마운틴부터 시그널힐까지 모두 하나의 줄기이며, 도심은 이들로 둘러싸여 포근한 인상을 준다.

　테이블마운틴의 넓은 산지는 도심 반대 방향(남쪽)으로 케이프반도 깊숙한 곳까지 이어진다. 그 산지 중 오랜 풍화와 침식에서 살아남은 퇴적층의 평평한 정상부는 테이블마운틴의 지형상 특징이다. 더불어 다른 곳에서는 볼 수 없는 식물이 많은 것은 산지의 독특한 생물상 특징이다. 이러한 지구과학적·생물학적 가치를 인정받아 산지의 넓은 면적이 테이블마운틴 국립공원과 유네스코 세계유산 '케이프 식물구계 보호구역(Cape Floral Region Protected Areas)'으로 지정되었다.

　테이블마운틴과 비교하면 라이온즈헤드는 이름만큼 멋져 보이지는 않는다. 아

마 우리 머릿속에 각인된 라이온 헤드(사자 머리)와 테이블(책상)의 이미지 때문일
것이다. 하지만 라이온즈헤드 역시 나름의 매력을 지닌다. 뾰족하게 솟은 정상을
향해 가파른 퇴적층을 둥글게 감아 오르는 등산코스는 여행자에게 인기가 많다.
길은 험난하지만 정상에 오르면 아름다운 전경을 볼 수 있다. 서쪽으로는 아름다
운 대서양이, 동쪽으로는 드넓은 평야가 펼쳐진다.

  케이프타운은 넓은 산지를 둘러싸고 도시의 면적을 확장해 왔다. 산과 바다가
만나는 완만한 사면에는 주거지와 농지들이 들어섰다. 그리고 케이프반도 곳곳에
자리한 이들 지역을 아름다운 해안도로가 이어 준다. 하우트만(Hout Bay)의 해안
절벽에 놓인 챔프만스피크 드라이브(Champman's Peak Drive)는 뛰어난 지형경
관으로 유명하다.

  반대로 산지 동쪽에는 드넓은 평지가 펼쳐지고 시가지가 연속적으로 발달했다.
다른 지역으로 연결되는 주요 도로망 역시 산지를 피해 도심의 동쪽으로 뻗어간
다. 국토 중앙부를 관통해 짐바브웨에 닿는 N1 도로, 동남부 해안을 달려 스와질란
드로 향하는 N2 도로, 서부 해안을 통해 나미비아에 닿는 N7 도로가 도심의 동쪽
에서 시작한다. 케이프타운의 교외에는 그 도로를 중심으로 다양한 계층의 주거지
역과 여러 종류의 상공업지역이 모자이크처럼, 때로는 혼합되어 펼쳐진다.

■ 이미자모예투

2015년, 웨스턴케이프주의 남쪽 해안을 따라 케이프타운으로 오는 길이었다. 온화한 기후 속에서 잘 가꾸어진 아름다운 꽃밭과 해안 절경이 펼쳐지는 길을 따라오다가, 케이프타운에 가까워지면서 새로운 경관과 마주쳤다. 차로 10분 넘게 달리는 동안 넓은 슬럼이 이어졌다. 카이얼리쳐(Khayelitsha)라는 케이프타운 동남부의 저소득층 주거지역이었다. 도시화로 인한 인구 증가에다가 인종차별정책 중 하나인 집단구역법(Group Areas Act) 시행이 더해진 결과다. 담벼락이 없는 집도 있을 만큼 환경이 열악하다. 그런 곳을 가까이서 확인해 보고 싶었지만, 그때는 시간적 여유가 없어 찾아가지는 못했다.

하지만 2016년 유랑에서 시티투어버스의 타운십(township) 관광 프로그램으로 작은 빈민층 주거지역을 찾아갈 수 있었다. 하우트베이의 구석진 산사면에 있는 이미자모예투(Imizamo Yethu)라는 곳이다. 현지 가이드와 주민들은 모두 친절했다. 길가에서 마주치는 사람들과 인사를 나눴고 마을 구석구석을 걸었다. 작은 바의 어른들은 당구를 치고 좁은 골목길의 아이들은 장난을 쳤다. 이런저런 모습을 보며 열심히 다녔는데, 가이드는 20분 정도로 설명을 끝냈다. 더 보고 싶다고 하니 작은 집으로 데려갔다. 학교라고 소개했지만 건물은 가정집이었다. 3평 남짓의 작은 거실에 4명의 아이가 곤히 잠들어 있었다.

'Iziko Lobomi Centre of life'의 공방, *케이프타운*

계속해서 보고 싶어 혼자 걷기 시작했다. 그러다가 한 교회에서 'Iziko Lobomi Centre of life'라는 기독교 사회단체를 찾았다. 그곳에서 아이들과 한참 놀고 있는데 교회 한쪽에 작은 공방이 보였다. 폐품으로 작품을 만들어서 판매한다는 한 할아버지의 표정이 참 밝다. 교회 근처의 넓은 마당에서는 여러 주민이 모여 회의를 했다. 이미자모예투는 도심에서 찾기 어려운 형태의 공동체, 더 나아가 그들만의 사회를 형성하고 있다고 느꼈다.

2013년, 케냐에서 머물 때 동부 아프리카 최대 슬럼인 키베라(Kibera)의 골목길을 홀로 찾아갔던 적이 있다. 거미줄 같은 골목길에서 헤매고 있는데 한 주민이 친절하게 도와주었다. 말끔히 차려입고 또박또박 말했던 그에게, 더 정확히 말해 키베라에 살 것처럼 보이지 않았던 그에게 왜 그곳에 사는지 물었다. 조심스러운 질문에 대한 그의 대답은 간결했다. 여기가 자신의 집이라고. 오히려 그런 질문을 한 내 자신이 부끄러웠다. 흔히 생각하는 '슬럼(Slum)'은 '가난하고 더럽다'이다. 나 역시 두려움을 안고 키베라에 발을 들여놓았다. 그러나 그곳 사람들의 표정, 행동, 소리, 냄새를 직접 경험하고 나니 슬럼에 대한 개념이 바뀌어 갔다. 그곳은 도시로 희망을 품고 몰려온 사람들, 특히 젊은 청년이 많은 도전의 땅이기도 했다. 그래서 슬럼은 도시에서 사라져야 할 존재라기보다는 도시가 살아 있다는 증거라고 나는 생각한다.

그루트콘스탄티아의 포도밭, *케이프타운 콘스탄티아*

■ 지중해성 기후와 콘스탄티아

  기후란 기상(대기의 상태)의 평균값이라고 할 수 있다. 그래서 짧은 순간의 대기 상태보다는 기후를 예측하는 일이 쉽다. 예를 들면 우리나라처럼 계절풍의 영향을 받는 온대와 냉대 기후에 속하는 곳이라면 내일 비가 올지 안 올지 맞히는 것은 어렵지만, 여름에 비가 많이 올 것이라고는 충분히 예상할 수 있다. 이러한 기상과 기후의 차이점을 기억하면, 하늘에 관한 이야기를 이해하기 쉽다.

  한국의 기후 특징은 겨울보다 여름에 비가 많이 내린다는 점이다. 이와 반대로, 지중해성 기후는 여름보다 겨울에 비가 더 많이 내린다. 이는 기압 배치와 풍향, 바다와 육지의 분포, 지형 등 여러 가지 요인이 결합한 결과다. 케이프타운이 있는 남아프리카공화국 남해안 지역은 지중해성 기후에 속한다. 지중해성 기후는 여름에 기온이 높고 건조하여, 그곳에서 자라는 포도의 질이 좋다고 알려져 있다. 와인 생산으로 유명한 유럽 남부, 칠레, 미국의 캘리포니아 등이 모두 이 기후에 속한다. 웨스턴케이프주의 와인 역시 세계적이다.

  테이블마운틴 동남쪽 사면의 콘스탄티아(Constantia) 지역은 도심과 가까워 일찍부터 포도주 양조장이 자리 잡았다. 그중 1685년 네덜란드인이 포도나무 경작을 시작한 그루트콘스탄티아(Groot Constantia)라는 곳이 유명하다.

새잎이 나는 시기라 일꾼들이 가지치기를 하고 있었다. 포도나무 사이의 잡초는 왜 남겨 두느냐고 물어보니, 나중에 거름으로 쓴다고 한다. 내가 현지어를 못해 대화가 잘 안 되었지만, 다들 뭔가를 설명해 주려고 해서 고마웠다.

17세기 유럽인들에 의해 시작된 남아프리카공화국의 와인 산업. 오래되었지만 수요가 높아 여전히 주목받는 산업이라 하니 유난히 새잎이 푸르다. 하지만 포도밭 일꾼들이 과연 그 좋은 술을 얼마나 마셔 볼 수 있을까 생각하니, 유난히 와인의 색이 붉다.

캠프스베이와 바코벤 _ Camps Bay & Bakoven

차곡차곡 눌러앉은 세월의 흔적 테이블마운틴, 하얀 모래를 가득히 담은 포근한 캠프스만(灣),
그리고 산과 바다가 마주하는 두 자연의 경계에 높지 않은 건물로 채워진 산비탈. 언젠가는 살
아 보고 싶다는 생각이 드는 아주 아름다운 곳이다. 케이프타운의 매우 쾌적한 주거지역 캠프스
베이와 바코벤이다.

고개 하나만 넘으면 도심이 있어 접근성도 좋다. 과거 한때 강제로 도심을 떠나 외곽의 저소득
층 주거지역으로 가야 했던 누군가도 가족과 함께 저런 곳에서 사는 것을 꿈꾸지 않았겠는가.
몇 해 지난 인구통계를 보면 이곳의 백인 비율은 70~80%다. 언젠가는 인종에 관한 인구 통계

라이온즈헤드에서 본 캠프스베이와 바코벤, *케이프타운*

가 지금보다는 더 균형 있는, 또는 그런 통계를 찾아볼 이유조차 없는 세상이 왔으면 좋겠다.

케이프타운이 세계가 인정하는 최고의 관광도시이자 내가 가장 좋아하는 도시인 이유는 단순히 겉모습이 아름답다는 데 있지 않다. 케이프타운은 남아프리카공화국의 뿌리 깊은 인종차별을 뒤흔들었던 상징적인 도시이자, 다양한 인종과 국적의 사람들이 모여 함께 만들어 온 도시이기 때문이다. 그래서 너무 매력적이다. 나에게 매력적이라는 것은, 가까이 다가가 듣고 싶은 이야기가 정말 많다는 뜻이다.

케이프타운 블로우버그 해변(Blouberg Beach), *웨스턴케이프주*

■ **웨스턴케이프주** _케이프타운 ~ 파를 ~ 시트러스달

　나미비아의 대중교통이 닿지 않는 곳을 짧은 기간에 보기 위해 트럭킹을 선택했다. 트럭을 개조한 버스를 타고 현지 가이드와 함께 십여 명의 다른 여행자와 돌아다니는 트럭킹. 아프리카를 안전하게 볼 수 있어 많은 외국인이 활용한다. 잠은 주로 텐트에서 자는데, 덕분에 추억도 많이 쌓인다. 나는 케이프타운부터 나미비아의 스바코프문트까지만 이용했다.

　트럭킹 첫째 날, 함께할 사람들을 보니 반갑고 나미비아 생각에 설렜다. 그런데 이른 아침부터 하늘이 흐리더니 결국 정오를 지나면서 바람이 불고 비가 내린다. 다행히 이날은 포도주 양조장과 맥주 양조장을 둘러보는 실내 일정이라서 큰 무리는 없었다. 다만 창밖의 풍경이 어두워서 아쉬웠다. 그래도 지중해성 기후의 습윤한 겨울을 경험했다는 데서 의미를 찾았다.

　웨스턴케이프(Western Cape)주 서쪽에는 세더버그산맥(Cederberg Mts.)이 있다. 남북 방향으로 길게 뻗은 이 산지는 높은 곳의 고도가 1,800m가 넘고 산세가 험준하다. 세더버그 산지 초입의 올리판츠 계곡(Olifants River Valley)에 있는 마을 시트러스달(Citrusdal)이 트럭킹 첫째 날의 캠핑장이 있는 곳이다. 캠핑장은 200m 고도도 되지 않는 올리판츠 계곡 인근에 있었다. 비를 맞으며 텐트를 쳤다. 바람이 차가워 가진 옷을 모두 입은 채 얇은 침낭 속에 누웠다. 하지만 너무 추워서

나미비아로 가는 길에서, 노던케이프주

잠을 못 잤다. 결국 새벽 4시에 텐트보다는 따뜻할 것 같은 화장실로 들어갔다. 정말 포근했다. 따뜻한 물에 발을 담그니 금세 몸이 녹았다. 이날의 세더버그 추위를 절대 잊지 못할 것이다.

세더버그 지역은 지중해성 기후와 건조한 스텝기후가 만나는 점이지대다. 이 산지를 벗어나 북서쪽(나미비아 방향)으로 가면 스텝기후와 사막기후가 차례로 이어지고, 동남쪽(케이프타운 방향)으로 가면 지중해성 기후가 이어진다. 무슨 기후가 되었든, 비 내리는 산지의 밤이란 그저 한랭한 겨울 같았다.

■ 노던케이프주 _ 시트러스달 ~ 스프링복 ~ 비울스드리프

비가 내리고 있어 창밖을 제대로 볼 수 없었지만 가이드의 설명은 계속되었다. 웨스턴케이프의 북서쪽, 루이보스티 차밭과 수천 종류의 꽃이 있다는 들판을 달리며 나미비아 국경으로 향했다. 얼마나 지났을까. 어느새 비는 그쳤고 하늘은 맑아졌다. 나미비아에 가까워질수록 노던케이프(Northern Cape)주의 땅은 건조해졌다. 오랜 풍화와 침식을 받은 큰 기반암은 갈라지고 뜯어져 바위 언덕을 이뤘다(82쪽 사진). 그런데도 이따금 큰 나무와 꽃이 눈에 띄었다. 스프링복(Springbok)을 지나서 또다시 야생화가 많은 곳을 지나갔다. 생명력이 강한 꽃들이었다.

그 후로도 한참을 달렸다. 그리고 도착한 비울스드리프(Vioolsdrif) 지역. 산지의

스프링복으로 가는 N7 도로 인근에서. 노던케이프주 *나마코이(Nama Khoi)*

암석들은 날카로웠고 들판엔 먼지가 날렸다. 이곳은 연 강수량 250mm가 안 되는 사막지대다. 그런데 사람들이 농사를 짓는다. 그 옆을 흐르는 강 덕분이다. 이곳에서 오렌지강(Orange R.)이 남아프리카공화국과 나미비아의 국경을 이룬다. 오렌지강은 드라켄즈버그산맥(Drakensberg Mts.)에서 발원하여 남아프리카공화국과 레소토의 고산지역에서 물을 보충한다. 그리고 서향하면서 고도를 낮추다가 나미비아와 남아프리카공화국 사이의 건조지역을 관통해 대서양에 닿는다. 그래서 물 한 방울도 없을 것 같은 곳에 큰 강이 흐른다.

습윤한 지역에서 물을 보충한 하천이 건조한 지역을 관통해 바다에 닿는 것, 이것은 사하라 이남에서 발원하는 일부 대하천의 특징이다. 동부 아프리카 고원에서 발원하여 사하라 동부의 사막을 흐르는 나일강도 마찬가지다. 이렇게 서로 다른 기후를 가진 두 지역을 연결하는 물은 여러 지역과 사람들 사이의 매개체다. 그래서 생명수와 같은 물은 분쟁의 원인이기도 하지만 소통의 근거이기도 하다.

나마코이의 비울스드리프를 지나는 오렌지강, 노던케이프주

나미비아

별은 가장 어두운 곳에서 빛나고
물은 가장 메마른 곳에서 맛있다

나미비아 개관

국명	Republic of Namibia (NAM)
수도	빈트후크
면적(㎢)	824,292㎢ 세계 34위 (CIA)
인구(명)	2,436,469명 세계 143위 (2016 est, CIA)
인구밀도	3.0명/㎢ (2016 est, CIA)
명목GDP	102억$ 세계 133위 (2016, IMF)
1인당 명목GDP	4,428$ 세계 102위 (2016, IMF)
지니계수	60.97 (2009 est, World Bank)
인간개발지수	0.640 세계 125위 (2015, UNDP)
IHDI	0.415 (2015, UNDP)
부패인식지수	52 세계 53위 (2016, TI)
언어	영어(공식어), 독일어, 아프리칸스어, 콰니아마어, 은동가쾅갈리어, 헤레로어, 음부쿠슈어, 로지어, 츠와나어, 코이코이어, 줄호안어, Gciriku어

나미비아는 아프리카 남서부 지역에 위치하여 대서양을 마주한다. 특히 해안 지역은 차가운 벵겔라 해류의 영향으로 기온이 낮아 대기 상태가 안정적이다. 그래서 나미비아는 전반적으로 강수량이 매우 적어 건조한 사막기후(BW) 또는 스텝기후(BS)를 보인다.

나미비아에서 가장 주목할 만한 경관은 나미브 사막이다. 해안을 따라 펼쳐지는 이 사막은 벵겔라 해류로 인한 건조한 기후의 영향 아래 형성되었다. 중부 지역을 중심으로는 고원과 높은 산지가 이어진다. 그래서 나미비아의 평균고도는 약 1,141m(CIA 기준)이다.

나미비아는 인구밀도가 가장 낮은 나라 중 하나다. 상대적으로 강수량이 많은 북부 지역은 인구밀도가 높으며 행정구역도 남부 지역보다 세분되어 있다.

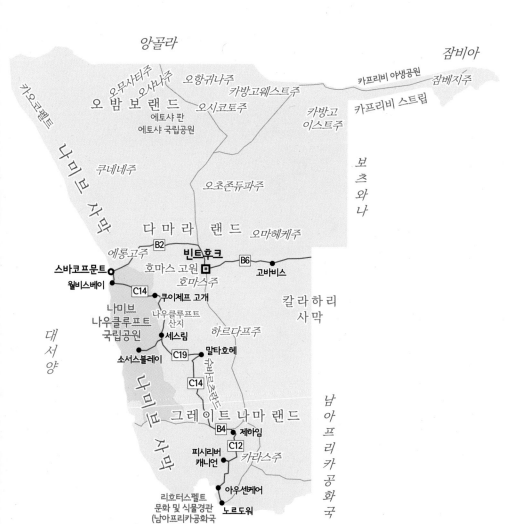

앙골라

잠비아

카프리비 야생공원

잠베지주

카프리비 스트립

오무사티주

오샤나주

오항귀나주

카방고웨스트주

오밤보랜드

오시코토주

카방고
이스트주

에토샤 판
에토샤 국립공원

카오콜펠트

쿠네네주

보츠와나

나미브 사막

오초존듀파주

다 마 라 랜 드

오마헤케주

에롱고주

B2

빈트후크

B6

스바코프문트

호마스 고원

고바비스

월비스베이

C14

호마스주

칼라하리
사막

쿠이제프 고개

나미브
나우클루프트
국립공원

나우클루프트
산지

하르다프주

세스림

대서양

C19

말타호헤

소서스블레이

C14

나미브 사막

그 레 이 트 나 마 랜 드

B4

제하임

남
아
프
리
카
공
화
국

피시리버
캐니언

C12

카라스주

아우센케어

리호터스펠트
문화 및 식물경관
(남아프리카공화국
세계유산)

노르도워

여행 경로 개관

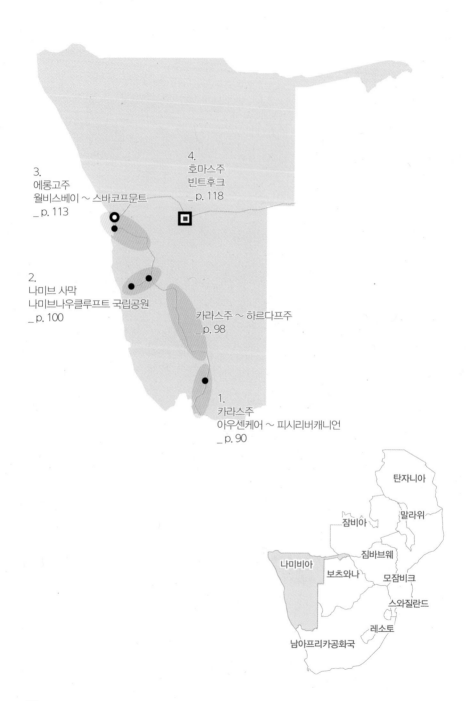

3.
에롱고주
월비스베이 ~ 스바코프문트
_ p. 113

4.
호마스주
빈트후크
_ p. 118

2.
나미브 사막
나미브나우클루프트 국립공원
_ p. 100

카라스주 ~ 하르다프주
_ p. 98

1.
카라스주
아우센케어 ~ 피시리버캐니언
_ p. 90

탄자니아

잠비아

말라위

짐바브웨

나미비아

보츠와나

모잠비크

스와질란드

레소토

남아프리카공화국

+++ 내가 가 보고 싶은 곳은 사막과 협곡이었는데 이들은 건조하고 인구밀도가 낮은 남부 지역에 있었다. 그 지역은 대중교통과 배낭여행자 시설이 거의 없는 곳이라 '트럭킹'이라는 관광 프로그램을 대안으로 선택했다.

1. 카라스주 _ 아우센케어 ~ 피시리버캐니언

노르도워 국경을 통해 나미비아로 들어왔다. 굉장히 메마르고 거친 땅을 지났지만, 오렌지강 인근 마을인 아우센케어에는 넓은 면적의 포도농장이 이어졌다.
첫 번째 답사지인 피시리버캐니언은 아프리카 최대 협곡이다. 협곡에서 찾을 수 있는 지질 특성과 땅의 역사를 살펴봤다.

2. 나미브 사막 _ 나미브나우클루프트 국립공원

나미비아에서 사막은 가장 중요한 지리적인 특징이다. 그중에서도 남서부 해안의 내륙까지 깊게 펼쳐진 나미브 사막의 붉은 사구(모래언덕)는 핵심 답사지였다. 차우찹강 끝자락의 소서스블레이, 모래언덕 속의 데드블레이, 강이 깎아내린 세스림 협곡을 중심으로 보았다.

3. 에롱고주 _ 월비스베이 ~ 스바코프문트

나미브 사막을 뒤로 하고 쿠이제프 고개를 넘어 서부 해안으로 갔다. 이어 월비스베이에서 홍학 서식지와 도심 지역을 보고 인개 속의 해안사구를 따라 북향했다. 스바코프문트에서는 독일 식민시대의 흔적이 담긴 도심과 주변의 저소득층 주거지역을 중심으로 답사했다. 스바코프문트에서 트럭킹 프로그램을 마치고 다시 개인 답사를 시작하였다.

4. 호마스주 _ 빈트후크

해안의 스바코프문트에서 내륙 고원의 빈트후크로 가는 길은 다소 순탄했다. 특히 빈트후크로 가는 동안 고도는 높아졌지만 오랜 풍화를 받은 땅이었기에 평평했다.
빈트후크의 도심을 구석구석을 답사했고, 특히 루터 교회가 있는 도심의 동쪽 언덕에서 많은 시간을 보냈다. 이후 빈트후크를 떠나 바로 보츠와나로 향했다.

카라스주 _ Karas Region

C37 도로, 카라스주

이런 곳을 사막이라고 부르는 걸까? 아무것도 살 수 없을 것만 같은 나미비아 남단. 하지만 이
곳의 강과 산은 많은 생명을 허락했다. 이곳은 '아우센케어 자연보호구역(Aussenkehr Nature
Reserve)'과 아주 가깝다.

나미비아 남단 지역, *카라스주*

■ 나미비아 남단

국경과 노르도워를 지나고 비포장도로를 달렸다. 케냐 북부에서 보았던 것보다 훨씬 마른 땅이었다. 멀리 보이는 거친 산지는 오렌지강 너머의 남아프리카공화국 땅이다. 그 산지에는 세계유산 '리흐터스펠트(Richtersveld) 문화 및 식물경관'이 있다. 원주민의 전통이 남아 있고 생물 다양성도 높은 곳이라고 한다.

'이렇게 건조한 곳에 생명이?'라는 생각이 들지만, 현재 나미비아 쪽 평지에는 광대한 포도 산지가 펼쳐진다.

아우센케어, *카라스주*

■ 아우센케어

이런 건조한 곳에 큰 농장과 마을이 있는 것이 신기했다. 알고 보니 아우센케어 (Aussenkehr)는 오렌지강을 활용한 상업적 포도농장에서 일하는 사람들의 마을 이었다. 황량한 사막의 거친 산지와 평지, 사람이 살 수 없을 듯 보이는 이곳도 누 군가에게는 소중한 삶의 터전이었다. 어쩌면 이곳은 살 수 없을 것 같다고 생각하 는 사람들에게만 살 수 없는 땅일지도 모른다.

피시리버캐니언 _ Fish River Canyon

피시리버캐니언, *카라스주*

피시리버캐니언(피시리버 협곡)은 길이 160km, 폭 27km의 규모로 미국 그랜드캐니언에 이어 세계에서 두 번째로 큰 협곡이다. 협곡 일부는 아이-아이스/리흐터슈펠트 국립공원(IAi-IAis/ Richtersveld Transfrontier Park)에 속해 관리를 받는다. 나미비아의 핵심 관광지로 많은 관광 명소가 숨어 있지만, 호바스(Hobas) 캠핑장 서쪽의 뷰포인트가 특히 유명하다.
지질시대의 깊이는 인간이 헤아리기 어렵다. 그 깊이감을 드러내는 자연의 작품을 눈앞에 마주 하면 말이 나오지 않는다.

자연의 경이로움은 한 장소가 품은 공간의 넓이 그리고 시간의 깊이와 비슷하다. 그렇게 생각해보면 어디 하나 소홀히 생각할 장소가 없다.

지구는 하나,
지구는 오래되었기 때문이다.

■ 피시리버캐니언의 형성

협곡이 자리 잡은 곳의 기반암은 15억 년보다 오래된 나마쿠아랜드 변성암복합체(Namaqua-land Metamorphic Complex)다. 이 오래된 땅이 만들어지고 난 뒤, 해수면 상승으로 해침(바닷물이 육지로 들어오는 현상)을 받았다. 이후 오랜 시간 동안 퇴적물이 쌓이면서 얕은 바다가 메워지고 다시 육지가 되었다.

협곡의 형성 시기는 약 3억 년 전으로 거슬러 올라간다. 변성암 위에 퇴적암이 놓인 땅에 피시강(Fish R.)이 흘렀다. 퇴적암 지층은 변성암보다 상대적으로 약하다. 그래서 피시강은 퇴적암 지층을 수평 방향으로 깎으며 S자 형태로 곡류했다(측방 침식). 시간이 흘러 기후변화와 지각변동으로 해수면이 낮아졌다. 침식력이 높아진 강은 퇴적암 지층 아래의 변성암을 깎기 시작했다(하방 침식). 이 과정을 거치는 동안, 협곡 지역은 곤드와나 빙하작용(Gondwana glaciation)으로 침식을 겪기도 했다(Grünert, 2014).

위 사진을 보면, 고도가 높은 곳에 수평으로 놓인 얇은 지층과 그 아래에 피시강을 향해 내려가는 V자 형태의 기반암을 쉽게 구분할 수 있다. 위의 지층이 나마 층

군(Nama Group)에 속하는 퇴적암 지층이고, 그 아래가 나마쿠아랜드 변성암복합체로 이루어진 나마쿠아 기반암(Namaqua Basement rock)이다.

협곡의 형성에는 지각변동과 화산활동, 기후변화에 따른 빙하의 형성과 침식 등이 얽혀 있다. 신생대의 환경과 변형(deformation)이 중요하다는 연구도 있다. 이러한 복잡한 과정으로 웅장한 협곡이 만들어졌다. 저 땅이 품은 수억 년이라는 시간과 자연의 변화는 정말 놀랍다.

B4 도로에서 본 피시강, *카라스주*

피시강은 비가 내릴 때면 물이 흐르고, 비가 멈추면 이내 바닥이 마른다. 이런 하천을 계절하천(seasonal stream) 또는 간헐하천(intermittent stream)이라 부른다. 멀리 보이는 작은 다리는 건기에 사용할 목적으로 오래 전에 만든 것이라고 한다.

B4 도로에서 본 피시강, *카라스주*

피시강에 자주 온 가이드에게 물이 가장 많았을 때의 모습을 물어보았다. 한번은 하천 양안 끝까지 차오른 큰 강이 힘차게 흘렀다고 한다. 그 말을 듣고 상상의 나래를 펼쳐 보았다. 언젠가 비 내리는 나미비아의 모습을 꼭 한 번 보고 싶다.

슈바르츠란드 산지, *하르다프주(Hardap Region)*

헬머링하우센(Helmeringhausen)에서 말타호헤(Maltahohe)로 가는 C14 도로의 동쪽에는 나마 층군(Nama group)의 지질 특징을 볼 수 있었다. 나마 층군의 슈바르츠란드(Schwarzrand) 산지는 얕은 바다에서 평평하게 퇴적된 지층의 모습을 잘 보여 주었다.

세스림 캠핑장(Sesriem Campsite), *하르다프주*

사막에서 자라는 몇 그루의 나무 실루엣이 구름 한 점 없는 하늘에 수를 놓았다. 나미브 사막을 앞에 두고 맞이하는 저녁이다. 다음날, 그토록 보고 싶어 했던 모래사막을 오른다. 이곳은 바람이 불면 모래가 날리고 밤이 되면 별이 빛나는, 사막이다.

나미브 사막 _ Namib Desert

나미브 사막, *나미브나우클루프트* 국립공원(*Namib–Naukluft NP*)

세상에 이런 곳이 진짜 있을까 싶었다. 인터넷에 떠도는 많은 사진과 영상들은 실제로 본 나미브 사막의 경이로움에 미치지 못한다.

나미브 사막

■ 나미브 사막의 자연

'나미브 모래바다(Namib Sand Sea)'라는 이름으로 등재된 세계유산이다. 나미비아 서해안을 흐르는 차가운 벵겔라 해류로 인해 대기가 안정되어 비가 거의 내리지 않는 덕분에 나미비아 서부에 5,500만 년이 넘는 세계 최고령 사막이 만들어졌다. 우리가 걸을 수 있는 나미브 사막의 붉은 모래언덕(사구)은 50,000km²에 가까운 국립공원 면적 중 1%도 안 될 것이다. 우리는 그 좁은 범위에서도 경이로움

오릭스(Oryx), *나미브 사막*

을 느낀다.

　'나미브'라는 말은 나마(Nama) 사람들의 언어로 '아무것도 없는 곳'이라는 뜻이다. 실제로 정말 아무것도 없을 것만 같다. 하지만 동물은 먹이를 찾아 사막을 돌아다니고, 식물은 오랫동안 수분을 기다리다가 물이 닿으면 입을 벌린다. 이 외에도 나미브 사막을 자세히 살펴면 보이는, 하늘의 바람과 땅의 모래와 그 사이에서 살아가는 다양한 생물의 독특한 상호작용은 정말 놀랍다.

소서스블레이 & 데드블레이 _Sossusvlei & Deadvlei

소서스블레이와 차우찹강의 하도, *나미브 사막*

데드블레이, *나미브 사막*

차우찹강(Tsauchab R.) 유역에서 앞서 밀한 상호작용의 예를 찾아볼 수 있다. 나우클루프트
산지(Naukluft Mts.)에서 발원하는 차우찹강은 대서양을 향하다가 나미브 사막에 막혀 더 흐
르지 못하고 증발한다. 그리고 강의 끝에는 습지를 남겨 두는데 그것이 바로 소서스블레이
(Sossusvlei)다. 아프리칸스어로 vlei는 '습지', Sossus는 '끝'을 의미한다. 이 습지로 흘렀던 과거
의 물길에는 강이 흐를 때의 수분이 땅속에 남아 있어 생명력이 강한 다양한 식생이 살아간다.
그런데 오랜 기간 비가 안 내리면, 강은 바짝 마른다. 모래언덕이 바람에 의해 계속 이동하며 차
우찹 강이 흐르던 물길까지 덮고 지나간다. 그래서 기존의 습지였던 곳은 계속 이동하는 모래언
덕에 의해 덮이거나 그 언덕 사이에 모습을 드러낸다. 결국, 기존의 습지는 강과의 연결이 끊겨
마르게 되는데 이 습지가 데드블레이(Deadvlei)다. 이후 다시 비가 내리고 강에 물이 흐르면, 사
막에는 새로운 곳에 습지가 만들어지고 식생도 새롭게 자리 잡는다. 이러한 자연의 순환 속에서
강수, 바람, 지질, 수문, 동식물 등의 상호작용이 복잡하게 일어난다.

■ 세스림 협곡

수천만 년 전 나미비아에 건조한 모래가 쌓이기 시작했다. 동시에 하천은 크고 작은 돌들을 운반했다. 오랜 시간이 지나 모래와 자갈은 층을 이루며 퇴적됐다. 그리고 신생대 4기, 약 2백만 년 전부터 시작된 네 번의 빙하기를 거치면서 차우찹강은 땅을 강하게 침식했다. 그렇게 만들어진 것이 세스림 협곡(Sesriem Canyon)이다. 30m 깊이의 비좁은 협곡을 적막 속에 걷다 보면, 역암과 사암이 깎여 나가던 과거의 소리가 들려오는 듯하다.

세스림 협곡, *나미브 사막*

■ 나미브나우클루프트 국립공원 _ 시간과 순환

오랜 시간. 지질의 역사에서 자주 등장하는 '오랜 시간'이란 표현을 생각해 본다. 우리에게는 천 년의 시간조차 생소하다. 만 년, 억 년의 시간을 어떻게 가늠할 수 있을까. 깎이고 움직이고 쌓이고, 다시 깎이고 움직이고 쌓이는 자연의 끝없는 순환은 1초부터 46억 년까지 모든 시간 스케일(time scale)에서 일어난다.

들판을 달리는 산얼룩말(mountain zebra)은 먼지를 날리지만, 그 먼지는 다시 들판으로 돌아간다. 그 짧은 순간 흩날리는 먼지의 움직임조차 자연의 순환이다.

나미브나우클루프트 국립공원

107

별 _ Star

나미브나우클루프트 국립공원에서 본 별

많은 이들이 말하듯, 나미비아 여행을 빛나게 만드는 요소 중 하나가 '별'이다. 이곳의 별은 유독 밝은 것으로 유명하다. 이는 별을 보는 지역의 하늘이 맑은 동시에, 인구 밀집 지역과 아득히 떨어져 있어서 가능한 일이다. 그래서 유난히 밝게 빛나는 별. 그 존재 자체가 많은 외국인의 여행도 빛냈다.

하지만 결코 아무것도 없는 곳이라고는 할 수 없다. 모래부터 돌과 큰 바위까지, 들풀부터 작은 관목과 키 큰 나무까지, 눈에 보이지 않을 만큼 작은 벌레들부터 무리를 이루며 살아가는 야생동물까지, 몇 장을 써 내려가야 할 만큼 많은 것들이 살아가기 때문이다. 다만 그들은 밤에 빛을 내지 않을 뿐이다.

■ 별이 빛나는 밤의 얼룩말

깊은 밤, 물을 마시러 온 얼룩말들을 보고 문득 '별빛 아래서 색을 감추고 있는 것들'에 대해 생각했다. 그리고 그들 덕분에 별의 아름다움을 느낄 수 있다는 걸 깨달았다. 내가 별을 볼 수 있는 것도 그 아래에서 인간인 내가 자체적인 빛 없이 존재하기 때문이 아닌가.

인간의 불을 다 꺼 버리면 맑은 하늘 아래의 지구 모든 곳이 별빛으로 가득할 것이다. 서울 어느 곳, 나의 원룸 위에서도.

그 아름다움에 만족하지 못하는 한 사람이 새로운 아름다움을 위해 원초적인 아름다움을 포기했다. 두 사람, 세 사람, 수많은 사람이 그 길에 동행했다. 그리고 어차피 보지 못할 별 대신 야경이라는 인간의 별을 심었다. 똑같은 밤이라도 카메라의 렌즈가 도시에서는 아래로 시골에서는 위로 향하는 이유다.

다 함께 지켜 내지 못하면 얻을 수 없는 것이 자연의 원초적인 아름다움이다.

나미브나우클루프트 국립공원 인근 C14 도로에서 본 얼룩말

■ 태양이 빛나는 아침의 얼룩말

나미비아는 대부분 지역이 건조기후에 속한다. 일반적으로 지리학에서 건조기후란 쾨펜의 기후 구분에 따라 연 강수량 500mm 이하에 해당하는 곳을 말한다. 이런 곳에서 살아가는 생물을 보면 강인한 생명력에 감탄사가 나온다. 그러다 문득 '이렇게까지 해가면서 살아가야 하는가?'라는 생각이 머리를 스쳤다. 그러나 이내 '이렇게도 사는구나!'라며 고개를 끄덕였다.

가난과 위험 이 두 가지는 아프리카에 붙는 단골 수식어다. 그러니 나는 언젠가 '가난하다고 생각하는 사람이 가장 가난하고, 위험하다고 생각하는 사람에게 가장 위험하다'라고 생각한 적이 있다. 또 '살 수 없다고 생각하는 사람에게만 살 수 없는 땅이다'라고 쓴 적이 있다. 이는 모든 것은 생각하기에 달려 있다는 누군가의 말과 같은 맥락이다. 비가 많이 내리는 혹은 적게 내리는 땅에는 '그 땅에서 살 수 있는' 생명이 각기 살아가기 마련이다.

이로써 위험과 가난이 아니라, 차이를 인정하는 다양성이야말로 아프리카를 이해하는 핵심 개념임을 다시금 깨닫는다. 얼룩말은 말한다. 흑과 백은 그저 피부색일 뿐이라고.

남회귀선이란 태양이 수직으로 땅을 바라보는 남반구 지역에서의 한계선이다. 여기보다 더 남쪽 지역은 태양의 각도가 낮아진다. 남반구, 북반구에서 공평하게 어느 한 계절이 다가오면 태양의 각도가 높아지고 낮아진다.

쿠이제프 고개, 에롱고주(Erongo Region)

땅이 흐르는 것처럼 보이는 습곡이다. 양쪽에서 밀려오는 힘이 지층을 휘게 했다. 쿠이제프 고개(Kuiseb Pass)는 지구상의 생명뿐만이 아니라 지구 그 자체도 하나의 생명이라는 것을 보여준다. 인간이 살아가는 동력 역시 움직이는 지구에서 시작되었다.

월비스베이(Walvis Bay), 에롱고주

쿠이제프강(Kuiseb R.)은 사막을 비롯해 육지의 많은 퇴적물을 하구에 쌓았다. 그 퇴적물은 수많은 홍학에게 영양분을 제공한다. 참고로, 나미브 사막의 붉은 사구는 쿠이제프강을 만나 잠잠해지고, 이 강의 북쪽은 또 다른 종류의 사막이 이어진다.

스바코프문트로 가는 B2 도로, 에롱고주

해안 도로가 차가운 해류로 인해 짙은 안개로 뒤덮였다. 해안선을 따라 높고 길게 쌓인 해안사구가 아주 인상적이다. 월비스베이에서 스바코프문트로 가는 길, 바다 낚시와 인근 마을은 사구에 얹힌 덤이다.

스바코프문트 _ Swakopmund

제티브리지(Jetty Bridge), 에롱고주 스바코프문트

토비아스하이네코스트리트(Tobias Hainyeko Street), 스바코프문트

이름부터 독일 같다. '스바코프강(Swakop R.)의 하구(mouth)'라는 뜻의 독일어다. 스바코프문
트는 19세기 후반, 독일이 남서아프리카(South West Africa)를 식민통치하던 시절에 개발된 항
구다. 하지만 제1차 세계대전 이후 이곳의 통치권은 독일에서 남아프리카공화국(당시 남아프리
카연방)으로 넘어간다. 이어 1990년, 나미비아의 독립을 끝으로 이곳의 식민 역사는 끝이 났다.
그리고 동시에 아프리카 대륙의 식민 역사도 함께 끝났다.

이처럼 나미비아의 어느 지역보다 오랜 식민의 역사를 겪은 스바코프문트는 자연스레 나미비
아 서부 해안의 중심지가 되었다. 그래서 이 도시의 주요한 지역성은 역사에서 찾을 수 있다. 독
일의 식민통치를 위한 항구의 입지 선정, 식민 시절 지방 중심지로의 지속적인 성장, 다양한 민
족과 부족의 유입과 통합을 동반한 도시의 확산, 해안과 모래언덕을 이용한 자연 관광 도시로의
변화 등 많은 이야기가 스바코프문트에 담겨 있다. 이중에서 내 마음을 사로잡은 것은 도시의
입지와 확산, 그리고 그곳에서 살아가는 나미비아 사람들의 이야기다.

■ 스바코프문트와 월비스베이의 지리적 입지

한 도시의 입지와 변화를 이야기할 때 자주 언급되는 요소는 '사람'이다. 도시를 만든 사람, 도시에 사는 사람, 떠나거나 찾아오는 사람 등 일정한 지역의 모든 사람이 주요 주제다. 도시라는 공간과 그 안의 사람을 엮는 일은 매우 흥미롭다.

『Namibia - Fascination of Geology』(Grünert, 2014)를 보면, 광대한 나미브 사막을 형태학적으로 크게 4개 지역으로 구분한다. 북쪽에서부터 스켈레톤 해안(Skeleton Coast), 자갈 또는 나미브 평원(gravel or Namib plains), 대모래바다(great sand sea)', 고립된 사구 벨트와 자갈 평원(isolated dune belts and gravel plains). 이 구분에 의하면 '자갈 또는 나미브 평원'과 '대모래바다'를 구분하는 해안 지역에서의 경계는 두 가지다. 첫째는 월비스베이를 향해 북서쪽으로 흐르는 쿠이제프강, 둘째는 스바코프강이다. 위성지도를 보면 나미브 사막의 붉은 사구는 쿠이제프강을 만나 크게 잦아들고, 해안을 따라 남북으로 늘어선 3~5km 폭의 해안 사구는 스바코프강에서 잦아든다. 즉 월비스베이와 스바코프문트는 형태가 다른 두 사막의 경계점이다. 따라서 두 도시는 항구도시로의 발달 가능성과 평원을 통한 나미비아 국토 중앙으로의 접근성이 높은 곳이다.

아프리카 남서부 지역을 찾았던 유럽인은 독일인뿐만 아니라 영국인도 있었다. 19세기 후반, 영국인은 월비스베이를 차지하며 독일인과 충돌한 바 있다. 똑같은

땅을 바라보면서 불과 30km 거리에 두 강대국이 자신들의 항구를 개발했던 것은 우연의 일치가 아닐 것이다.

■ 몬데사와 디알시

사실 월비스베이와 스바코프문트의 지리적 입지에 대해서 처음부터 그런 생각을 했던 것은 아니다. 왜 스바코프문트의 도시 확장이 남쪽이 아닌 북동쪽으로만 이루어졌는가를 두고 위성지도를 보며 고민하다가, 자연환경과 도시의 관계에 답이 있다고 생각했던 것이다. 스바코프문트의 주거지역인 몬데사(Mondesa)와 디알시(DRC, Democratic Resettlement Community) 역시 도심을 기준으로 봤을 때 해안사구가 있는 남쪽이 아닌 평원이 있는 북동쪽에 있었다. 강의 하구이면서 모래사막과 평원의 경계 지역이라는 점이 도시 역사에 큰 영향을 미쳤다.

이와 함께 주거지역에서의 식민 역사도 살펴볼 필요가 있다. 식민지배 시절, 독일인들은 아프리카의 부족들이 단합해 독일에 대항하는 것을 막기 위해 각 부족의 반목을 조장했다. 특정 부족에게 좋은 주거 환경을 주는 식으로 말이다. 비록 이런 아픈 역사를 안고 있지만, 앞으로는 여러 부족과 민족의 조화를 지향할 필요가 있다.

빈트후크 크리스투스키르헤
_ Christuskirche (Christ Church) in Windhoek

빈트후크는 독일과 남아프리카공화국에 의해 두 번의 식민통치를 겪으면서 건설된 도시다. 주민 대부분이 반투족과 코이산족이다. 이들은 도시가 개발됨에 따라 지방에서 모였고 곧 이곳 생활에 적응했다. 그리고 유럽에서 유입된 새로운 종교는 이들 고유의 부족 종교를 대체하며 빠른 속도로 전파됐다. 현재 나미비아 사람들의 80~90%가 기독교를, 그중 반 이상이 루터교(개신교의 한 교파)를 믿는다.

빈트후크의 역사적 랜드마크인 루터교회 크리스투스키르헤도 그렇게 세워졌다. 독일 정부는 1903년 독일 교구의 교회 설립을 위해 빈트후크 도심 한가운데 토지를 내주었고, 1907년 교회의 초석이 놓였다. '하늘에는 영광, 땅 위에 평화'를 위해서였다.

그러나 실상은 달랐다. 1904년부터 독일은 나미비아의 헤레로(Herero)족을 학살하고 있었다. 남자를 모두 죽이고 여자와 아이를 사막으로 몰아냈다. 이후 몇 년간 지속됐던 전쟁과 학살로 수만 명의 원주민이 죽었다. 바로 '헤레로 전쟁'이다. 독일은 당시의 사건을 집단학살(genocide)로 인정하고 공식적으로 사과했다. 그렇다고 역사가 바뀌지는 않는다.

이러한 역사를 알았기 때문일까. 내 눈에 비친 교회는 마냥 아름다워 보이지는 않았다. 교회가 주창하는 평화의 가치와 잔인했던 학살의 흔적이 뒤엉켜 묘한 정적을 남기고 있을 뿐이었다. 루터교회에서 찾은 역사의 흔적은 아프리카 전체에 드리웠던 어두운 식민사 중 한 조각이었다.

독립박물관에서 본 빈트후크 교회와 도심, 호마스주

■ 나미비아의 수도 빈트후크와 호마스고원

빈트후크는 지각변동인 단층 운동의 영향으로 내려앉은 땅에 자리 잡고 있다. 이러한 땅을 지구(garben)라고 하고, 반대로 올라간 땅은 지루(horst)라고 부른다. 즉 빈트후크는 구조적으로 계곡에 위치한 도시인 것이다. 도심 동부의 독립박물관(Independence Museum)에서 보면 이를 확인할 수 있는데 빈트후크가 자리 잡은 지구 뒤로 상대적으로 고도가 높은 지루가 길게 이어진다.

이 지구와 지루는 호마스고원(Khomas Hochland)에 속한다. 이 고원의 높은 곳은 2,000m에 이를 정도이고, 위의 사진을 찍은 독립박물관이 있는 땅도 고도가 1,700m다. 그래서 호마스고원이라 불린다. 'Khomas'란 나마 사람들의 언어로 '산지'를, 'Hochland'란 독일어로 '고원'을 의미한다. 호마스고원에는 산지와 평지가 공존한다. 지구 내부의 힘으로 고도가 높아졌지만 오랜 풍화와 침식으로 평탄해졌고, 단단한 지질을 가진 일부 지역은 산으로 남았기 때문이다.

호마스고원은 호마스주(Khomas Region)의 지배적인 경관이다. 비록 건조한 곳이지만 고도가 높아 기후가 선선하다. 또한 국토 중앙에 있어 접근성이 좋다. 이러한 지리적인 이점으로 수도로서 자리매김할 수 있었다.

트랜스나미브 기차역(TransNamib Train Station) 앞, *빈트후크*

빈트후크는 여행자 사고가 자주 일어나는 곳이라고 들었다. 하지만 대부분 인적이 드문 곳에서 그리고 밤에 일어날 것이라는 생각이 든다. 내가 본 도심의 낮 풍경은 활기차고 친절한 사람들이 많은 한 나라의 수도였을 뿐이다.

노던인더스트리얼(Northern Industrial)의 차이나타운 주변, *빈트후크*

상공업이 집중된 빈트후크의 북부 산업지역에는 차이나타운(Chinatown)이 있다. 그곳의 입구는 마치 중국인 듯 활기찼다. 근처만 가도 고기 굽는 냄새가 짙게 풍겼다. 달아오른 숯 위엔 먹을 것이 많았다.

카투투라 지역의 인디펜던스애비뉴, *빈트후크*

■ 소웨토마켓과 카투투라

　다음 목적지인 보츠와나의 마운으로 가는 가장 저렴한 방법은 짐바브웨의 하라레로 가는 미니버스를 타고 마운을 지나갈 때 내리는 것이었다. 그 비용은 하라레까지 요금의 50% 정도였다. 문제는 그 버스의 정류장이 소웨토마켓(Soweto Market)인데 위험해서 외국인들이 가지 않는 저소득층 주거지역에 있다는 점이다. 그곳은 남아프리카공화국의 식민통치 시절에 도심에서 내몰린 사람들이 사는 카투투라(Katutura) 지역 바로 옆이다. '카투투라'란 헤레로의 언어로 'The place where people do not want to live(사람들이 살기를 원하지 않는 곳)'라는 뜻이다. 하지만 별다른 선택권이 없었다. 몇 번 갈아타며 히치하이킹으로 마운과 빈트후크를 오가는 여행자도 있지만 그건 위험 부담이 컸다.

　카투투라 지역을 지나가는 대로인 인디펜던스애비뉴(Independence Avenue)를 달리는데 위험한 지역이라는 느낌은 받지 못했다. 하지만 안전이 제일이기에 조심스레 소웨토 마켓에 들어섰다. 아침에 출발한다던 미니버스는 정오쯤에 출발한다고 말을 바꿨지만, 나는 익숙하다는 듯 카투투라 서쪽에 접한 와나헤다(Wanaheda) 지역을 걸었다. 2013년도 케냐의 키베라를 구석구석 돌아다녔던 때와 비교하면 위험 요소는 거의 없었다. 가끔 사람들과 인사를 주고받을 뿐이었다.

■ **버스와 터미널**

대표적인 대중교통인 버스의 운영에는 버스가 닿는 지역의 인구와 서로 다른 지역 사이의 인구 유동량이 큰 영향을 미친다. 그래서 대도시의 대형 터미널에서 다른 대도시로 가는 버스는 쉽게 찾을 수 있다. 그러나 그 터미널의 버스가 모든 곳을 가는 것은 아니다. 인구 유동량이 많지 않은 곳을 오가는 작은 버스의 정류장은 오히려 도심 밖의 주거 인구가 많은 지역에 있는 경우가 있다. 그곳은 소웨토마켓처럼 저소득층 주거지역일 수도 있다.

북적이는 도심이나 터미널에서는 여행자 사건 사고에 유의해야 한다. 흔히 위험하다고 알려진 곳의 버스 정류장에서는 더욱 조심할 필요가 있다. 하지만 버스와 터미널은 대중교통으로 이동하는 배낭여행자에게는 필수다. 그리고 이동하는 것만이 전부가 아니다. 나의 경험으로 보자면 사람들과 자연스레 대화를 나누기에 가장 편안한 곳이 터미널과 대중교통수단에서였다.

아프리카를 여행하는 사람 중에는 나보다 걱정 없이 다니는 사람들도 있고, 안전하다는 곳도 조심히 다니는 사람들도 있다. 현지인들조차 특정 지역에 관한 위험성을 다르게 보는 경우가 적지 않았다. 각자 판단하는 기준이 다르기에 그렇다. 지인들이 나에게 아프리카가 위험한지 물어보면, 일반적으로 유럽보다는 그렇다고 말한다. 그러나 모든 지역과 모든 사람이 위험하지는 않다고 덧붙인다.

보츠와나

고인 물은 갈 곳을 잃었지만
많은 생명의 살 곳이 되었다

보츠와나 개관

국명	Republic of Botswana (BWA)
수도	가보로네
면적(㎢)	581,730㎢ 세계 48위 (CIA)
인구(명)	2,209,208명 세계 145위 (2016 est, CIA)
인구밀도	3.8명/㎢ (2016 est, CIA)
명목GDP	110억$ 세계 127위 (2016, IMF)
1인당 명목GDP	5,082$ 세계 95위 (2016, IMF)
지니계수	60.46 (2009 est, World Bank)
인간개발지수	0.698 세계 108위 (2015, UNDP)
IHDI	0.433 (2015, UNDP)
부패인식지수	60 세계 35위 (2016, TI)
언어	영어, 츠와나어

보츠와나는 국토 대부분이 건조하고 기온이 높은 스텝기후(BSh)에 속한다. 남서부 지역의 칼라하리 사막이 가장 건조하고, 북부와 동부의 국경지역으로 가면서 연 강수량이 증가한다. 또한 한 계절에 강수가 집중되어 긴 건기와 짧은 우기가 뚜렷하게 구분된다.

보츠와나의 우세한 지형은 사막과 스텝이다. 그래서 칼라하리 사막을 중심으로 전반적으로 건조하고 평탄한 땅이 넓게 펼쳐진다. 그리고 남아프리카공화국과 나미비아처럼 고도가 높아 평균고도는 1,013m(CIA 기준)에 이른다. 북부의 오카방고 델타, 북동부의 관(Pan)과 같이 물이 모이는 지역은 상대적으로 고도가 낮다.

가보로네, 프랜시스타운, 마운 등 도시에 인구가 집중해 있고, 그 외에는 인구밀도가 낮다. 특히 작은 마을에는 대중교통과 배낭여행자를 위한 시설을 찾기 어렵다. 이러한 환경에서 대중교통이 가능한 곳에 한하여 유랑했다.

잠비아

카사네

초베 국립공원

초베구

모레미 야생보호구역

오카방고 델타

마운

짐바브웨

막가딕가디 판

북서부구

북동부구

A3

프랜시스타운

나미비아

간지

간지구

중부구

A1

중앙 칼라하리
동물보호구역

세로웨

A2

칼 라 하 리

A2

사 막

A1

크웨넹구

크가틀렝구

캉

A12

가보로네

남동부구

크갈라가디구

남부구

남아프리카공화국

겜스복
국립공원

* 지난 2차 유랑에서는 초베 국립공원을 다녀왔기 때문에 그 주변의 보호구역과 함께 지도에 표
  시했다.

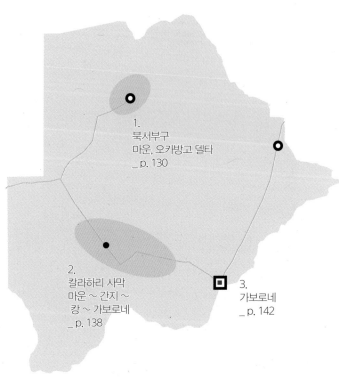

1.
북서부구
마운. 오카방고 델타
_ p. 130

2.
칼라하리 사막
마운 ~ 간지 ~
캉 ~ 가보로네
_ p. 138

3.
가보로네
_ p. 142

탄자니아

말라위

잠비아

나미비아

짐바브웨

보츠와나

모잠비크

스와질란드

남아프리카공화국

레소토

1. 북서부구 _ 마운, 오카방고 델타

나미비아에서 넘어와 마운에서 답사를 시작했다. 바로 가보로네로 가지 않고 마운을 먼저 갔던 이유는 오카방고 델타를 보기 위함이었다. 보츠와나 자연지리에서 가장 독특한 환경이 오카방고 델타다. 이 삼각주의 기후, 하천 지형, 동식물과 인간의 상호작용이 주요 답사 주제였다.

2. 칼라하리 사막 _ 마운 ~ 간지 ~ 캉 ~ 가보로네

칼라하리 사막과 원주민(부시먼)을 보고 싶었지만 관광 비용이 예산을 초과하고 배낭여행자를 위한 시설이 부족하여 버스 안에서 사막 지역을 보는 것으로 만족해야 했다. 그래서 세로웨로 가는 길이 아닌, 간지와 캉으로 둘러서 가보로네로 갔다.

이 지역을 지나면서 칼라하리 사막, 아프리카의 민족, 그중 부시먼으로 알려진 산족에 대해서 깊게 생각해 보았다. 이어 그 지역의 길가 풍경 속에 담긴 사람을 보며 보츠와나의 변화를 느꼈다.

3. 가보로네

보츠와나의 수도인 가보로네에서는 크갈레 언덕과 도심을 중심으로 답사했다. 보츠와나가 아프리카 대륙의 성공적인 국가 중 하나로 꼽힌다는 사실을 친절한 사람들과 정돈된 도심에서 실감했다.

가보로네 이후 프랜시스타운에서 하룻밤을 보내고 싶었지만, 비용과 시간의 한계에 부딪혀 야간 버스를 타고 바로 짐바브웨 국경을 넘어가야 했다.

칼라하리 분지와 마운 _ Kalahari Basin & Maun

타말라카네강(Thamalakane R.), 북서부구(North-West District) 마운

분지란 접시처럼 움푹 파인 땅이다. 그래서 분지의 가장 낮은 곳으로는 물도 모이고 사람도 모인다. 여기는 칼라하리 분지의 모든 물이 모이는 곳 그 가장자리에 있는 마운이다. 당나귀와 한참을 뛰어놀던 아이들, 그 아이들이 돌아갈 마을, 마을에 내려올 붉은 노을까지 아늑하다.

마운, 북서부구

■ 마운

새벽 한 시, 빈트후크에서 출발한 미니버스가 마운의 주유소에 정차했다. 손님을 기다리던 택시 기사는 친절하게 자신이 아는 게스트하우스로 태워다 주었다.

다음날 쇼핑몰 구석에서 스페인 친구와 치킨을 먹었다. 어제 제대로 식사를 못한 탓에 너무 배고파 길바닥에 앉아 바로 뜯어 먹은 것이다. 만약 주변에 거지가 있거나 수상한 현지인들이 있었다면 불가능했을 것이다. 마운은 깨끗했다.

보츠와나 북부의 중심지인 마운은 오카방고 델타를 중심으로 관광산업이 발달

타말라카네강, 북서부구 마운

했다. 하지만 개발된 관광도시라기보다 환경이 잘 보전된 생태도시라는 생각이 든다. 국가 자체의 인구밀도가 낮다 보니, 도시 규모가 작고 삼각주를 비롯한 넓은 땅이 보호구역으로 지정돼 있다. 인간의 손이 덜 탄, 자연의 원색에 가까운 곳이다. 도시를 관통하는 타말라카네강 주변도 '마운 동물보호구역(Maun Game Sanctuary)'으로 지정됐다. 그곳에서 놀던 한 명의 아이가 사진을 찍는 나를 보고 힘껏 달려왔다. 쑥스러워하며 사진을 부탁했다. 한 컷 찍어 보여 주니 한껏 행복해 한다.

오카방고 델타 _ Okavango Delta

오카방고 델타, 북서부구

먼 길을 흐르는 강은 세월의 흔적을 품기 마련이다. 그 흔적이 서서히 쌓이다 강이 무거워질 때, 넓고 평평한 분지를 만나면 느리게 흐른다. 잠시 쉬는 것이다. 그리고는 세상 이곳저곳의 이야기들을 하나의 섬 또는 여러 개의 섬으로 만든다. 그렇게 오랜 세월의 흔적을 세상 밖으로 전하며 모래와 흙을 쌓은 것이 바로 삼각주다. 그래서 삼각주는 삼각주가 있는 지역뿐만 아니라, 그 삼각주를 만든 강이 흐르는 모든 지역과 그 강으로 흐르는 모든 작은 물줄기의 유역이 만들어낸 작품이다.

오카방고강(Okavango R.)이 그렇다. 이웃 나라인 앙골라, 나미비아 일부 지역까지 강의 상류가 뻗어 나간다. 그곳에서 흘러온 많은 이야기를 듣기 위해 생물들이 삼각주로 찾아왔다. 여기엔 사람들도 포함된다. 그들은 이야기를 듣다가 눌러앉아 새로운 환경을 만들어 왔다. 삼각주란 일반적으로 하천 생애의 끝으로 묘사되지만, 생애 전성기이기도 하다. 특히, 세계적인 내륙 삼각주인 오카방고 델타는 약 1,600km에 이르는 오카방고강의 황금기다.

오카방고 델타, 북서부구

■ 오카방고 델타의 형성

　우리가 일반적으로 알고 있는 삼각주는 바다를 마주하고 있다. 삼각주는 강의 하구에 만들어지기 때문이다. 그렇다면 왜 오카방고 델타는 내륙에 삼각주를 만들게 된 것일까? 정답은 남부 아프리카 지질시대에서 찾을 수 있다.

　원래 오카방고강은 현재와 같이 보츠와나에서 멈추지 않았다. 계속해서 동쪽으로 흘러 인도양에 이르렀다. 하지만 지각변동으로 만들어진 단층이 강을 가로막았던 것이다. 결국 강은 흐르지 못하고 보츠와나에 갇혀 거대한 호수를 형성했다. 이후 건조한 기후가 이어지면서 호수의 크기가 줄어들었다. 그리고 현재와 같은 기후가 이어지면서 지금의 모습이 되었다.

　그렇다면 다음 질문이 이어진다. 이 삼각주는 어떻게 1,800종이 넘는 생물들의 터전이 될 수 있었을까? 이 질문에 대한 답은 기후에서 찾을 수 있다. 오카방고강의 상류 지역에서 우기 때 내린 엄청난 양의 물이 1,500km 넘게 흘러 오카방고 델타에 이른다. 그때는 삼각주 지역이 건기다. 그래서 건조한 시기에 동물들은 물을 찾아 이곳으로 모여들었고, 자연스럽게 동식물의 낙원이 될 수 있었다.

■ 칼라하리 사막 _ 마운 ~ 간지 ~ 캉 ~ 가보로네

일반적으로 대중교통은 인구밀도가 높은 지역들을 잇는다. 수지타산 때문이다. 그러나 보츠와나는 국토 대부분이 건조 지역이라 인구밀도가 낮다. 그래서 지방 구석구석을 향하는 대중교통이 매우 부족하고 동시에 그곳에서의 배낭여행자 숙소를 찾기도 쉽지 않다. 그러니 홀로 배낭 하나 메고 보츠와나의 시골을 여행한다는 것은 어려운 일이다.

그럼에도 칼라하리 사막은 놓칠 수 없는 명소였다. 사막의 붉은 사구와 원주민(부시먼)을 보는 건 오랜 바람이었다. 그런데 이들을 볼려면 단체 관광을 하거나 차를 빌려 직접 찾아가야 하기에 큰 비용이 요구되었다. 히치하이킹도 방법이지만 혼자서는 안전하지 않다. 그래서 버스 안에서라도 보기 위해 남쪽의 간지(Ghanzi)와 캉(Kang)을 지나가는 가보로네행 버스를 선택했다. 몇몇 현지인이 가보로네로 가려면 북동쪽의 세로웨(Serowe)를 지나는 게 더 빠르다고 했지만 말이다.

칼라하리 사막은 수천만 년이 지나면서 형성된 사막이다. 매우 건조한 땅이지만 놀랍게도 2~3만 년 전부터 인류는 이곳에서 살았다. 또한 1세기에 이르러 북동쪽으로부터 더 많은 사람이 찾아왔다. 이들은 남부 아프리카에서 가장 오래된 부족인 산(San) 사람들이다. 이 산족이 바로 칼라하리 관광에서 핵심인 '부시먼(Bushman)'이자 아프리카에서 가장 유명한 원시 부족 중 하나다.

■ 아프리카 부족

남부 아프리카 사막의 산족, 즉 부시먼이 유명해진 것은 대중매체 덕이다. 대중
매체는 이 부족의 독특한 생활 모습을 전해 세계인들의 눈길을 끌었다. 중앙아프
리카 정글의 키 작은 피그미족, 동부 아프리카 초원의 용맹한 마사이족 또한 마찬
가지였다.

그러나 다양한 매체의 아프리카 부족에 관한 '단편적인' 소개는 대중의 '단편적
인' 이해에 그쳤다. 그 매체들은 대중의 이목을 끌기 위해 주로 자극적이고 흥미로
운 소재를 주제 삼았다. 더군다나 한국에 전해지는 보도자료에는 가난, 가뭄, 진쟁
이 주를 이룬다. 책과 같은 문헌 자료에서도 아프리카 부족과 환경에 관한 성급한
일반화를 어렵지 않게 찾을 수 있다. 최소한의 옷을 입고 자연과 함께 살아가는 그
들을 시대에 뒤처진 것처럼 그린 것이다. 그래서 언론, 책 등의 매체를 통해 아프리
카를 접해 오던 대부분의 사람들은 아프리카 부족들의 전통문화와 변화상을 이해
하기도 전에 그들이 미개하다고 생각하게 되었다.

처음으로 아프리카 케냐를 접했을 때 나 역시 그렇게 생각했다. 하지만 동남부
아프리카의 민낯과 마주한 후, 그들에 관해 설명하는 말 한 마디, 글 한 문장이 어
려워졌다. 이들 부족의 기원, 분포, 문화, 변화 중 제대로 아는 것이 하나도 없다는
것을 깨달았기 때문이다. 편견이라는 색안경을 쓰고 있던 나 자신이 부끄러웠다.

■ 산 사람들

보츠와나에서 산족(부시먼) 이야기를 하는 이 글을 보면서 마치 보츠와나에 가면 산족을 쉽게 볼 거라고 생각할 수 있다. 더군다나 어떤 이는 산족이 아프리카에 가면 쉽게 만날 수 있는 부족이라고 생각할지도 모른다. 하지만 당신이 아프리카인을 만났을 때, 그 사람이 부시먼일 확률은 거의 0%다.

그 이유는 산족의 인구와 분포를 보면 알 수 있다. 세계에서 가장 오래된 부족 중 하나라고 여겨지는 산족이지만, 현재 그 수는 약 10만 명 정도다. 게다가 이들은 칼라하리 분지가 있는 보츠와나와 나미비아를 중심으로 남아프리카공화국, 앙골라, 짐바브웨 등 넓은 지역에 흩어져서 살아간다. 보츠와나로 공간을 한정해서 살펴봐도 상황은 비슷하다. 보츠와나 국민의 약 80%는 산족이 아닌 반투 계열의 츠와나(Tswana) 사람들이다(나라 이름조차 보츠와나, 즉 츠와나의 나라라는 뜻이다). 그래서 나도 칼라하리 지역을 지나갔지만 산족을 봤다고는 말하지 않는다.

혹자는 산족과 츠와나족이 한 국가에서 살아가니 모습이 닮은 것 아닌지 궁금해할 수 있다. 이 또한 아니다. 민족·언어학적 구분에 따르면 츠와나족은 니제르-콩고 그룹, 산족은 코이산 그룹에 속한다. 민족과 언어의 뿌리가 다르다는 뜻이다. 아프리카 하면 떠오르는 사막 수풀 속의 부시먼. 사실 그들은 12억 명이 넘는 아프리카 인구의 0.01%도 되지 않는다.

■ 남동부 지역의 길가

아직도 많은 이들은 아프리카 사람을 '수렵과 채집으로 살아가는 부족'으로 생각하는 듯하다. 하지만 아프리카는 굉장히 빠르게 변화하고 있다. 예를 들어 이곳도 항상 전통 의상을 입고 있는 것이 아니다. 강렬하고 화려한 색감을 가진 옷이나 천연 소재로 만든 전통 의상은 이미 박물관의 전시품이 되었고, 도시에는 세련된 옷을 입은 사람들이 거리를 메운다.

위의 사진은 칼라하리 사막 지역을 지나갈 때 버스 안에서 찍은 것이다. 저 모습이 과연 많은 사람이 예상했던 칼라하리 지역의 모습일까? 사진 속의 나무는 옆으로 넓게 가지를 뻗고 있다. 땅에는 미세한 바람이 모래나 먼지를 날리고 있다. 건기와 우기가 있는 건조한 스텝 지역의 전형적인 경관이다. 물건을 파는 상인 한 명이 뜨거운 태양을 피해 좁은 그늘에 앉아 있다. 뒤로는 작게 지어진 집들이 연달아 보인다. 저런 곳에 전기는 있을까 싶지만, 보란 듯이 나무 위로 전깃줄 몇 개가 지나간다.

보츠와나는 달라지고 있다.

가보로네 _Gaborone

크갈레 언덕에서 본 가보로네

가보로네(Gaborone)는 관광도시가 아닌 경제와 행정 기능이 강한 도시다. 그래서 사업가나 고위 관료를 위한 비싼 호텔들이 대부분이다. 결국 외곽에 있는 한 캠핑장을 찾아가야 했다. 붐비는 버스에 올라 옆에 앉은 한 학생에게 물어보니 지도에서 내가 내려야 할 정류장을 알려 주었다. 세련된 옷을 입은 그 학생은 내가 가지고 싶었던 아이패드에 이어폰을 꽂고 노래를 듣고 있었다.

다음 날 아침, 크칼레 언덕(Kgale Hill)을 오른다고 하니 숙소 직원이 어떻게 그곳을 찾았느냐고 묻는다. 아직 외국인에게는 많이 알려지지 않은 곳이기 때문이다. 그 언덕의 정상에 서면 도시를 가로지르는 뉴로바체로드(New Lobatse Road)를 중심으로 서쪽의 주거지역(사진의 왼쪽)과 동쪽의 산업지역(사진의 오른쪽)을 볼 수 있다.

■ 보츠와나의 수도 가보로네

크갈레 언덕에서 도심이 보이는 방향의 반대로 돌아서면 크갈레 채석장(Kgale Quarry)이 보인다. 보츠와나는 많은 광물자원이 있는데, 그중 다이아몬드는 세계적으로 선두권을 차지할 만큼 유명하다. 보석을 비롯한 값진 광물자원이 풍부한 보츠와나. 자원의 저주(resource curse)에서 벗어나지 못하는 여러 아프리카 국가와 달리 이 나라는 자원 관리와 국정 운영의 성공 사례로 꼽힌다.

여기서 국가의 부패 수준을 알 수 있는 국제투명성기구(TI)의 자료를 눈여겨볼 필요가 있다. 2016년 세계 부패 인식 지수에서 한국은 52위를 기록했지만 사하라 이남 아프리카 지역에서 르완다, 모리셔스, 카보베르데, 보츠와나 등 4개국이 한국에 앞섰다. 최고는 보츠와나로 세계 35위다. 사법, 정책, 교육 등 국가의 미래가 달린 핵심 부분에서 반부패를 위해 지속해서 노력한다고 하니, 우리도 보고 배울 일이다.

가보로네는 편안하게, 정말 편안하게 다녔던 도시였다. 길은 정돈되어 있었고 사람들은 친절했다. 도심의 레일파크(Rail Park) 쇼핑몰에는 무료 와이파이가 있었고, 시장과 터미널에는 사람들이 나름의 질서 속에서 북적였다.

메인몰(Main Mall) 지역, *가보로네*

이렇게 많은 사람들이 양산을 쓰고 다니는 것을 아프리카에서는 처음 봤다. 이곳 사람들에게도 태양은 피하는 것이 좋다고 알려져 있다. 더위를 느끼는 것도 우리와 비슷하다. 적도 지역에서 한낮에는 땀에 젖은 사람들을 만나기가 어렵지 않다.

터미널 인근 어느 골목길의 풍경이다. 넓게 드리워진 그늘은 뜨거운 태양을 막아 준다. 그 아래
에는 의자 하나만 놓인 길거리 미용실이 많았다. 외모에 투자하는 것은 동서고금을 막론하고 마
찬가지다.

짐바브웨로 가는 버스 앞에는 승객들을 대상으로 물건과 음식을 파는 상인들이 자리를 잡고 있
다. 터미널 내에서의 상권을 보면 장거리 버스의 승차장에 한해서 상인들의 권역이 아주 좁다.
얼마나 팔 수 있을지 모르겠지만 온종일 자리를 잡고 있다.

■ 가보로네 터미널

　다음 목적지는 네 번째 국가인 짐바브웨다. 야간 버스와 새벽 버스 두 가지 옵션이 있었다. 숙소에서는 야간 버스가 위험하니 새벽 버스를 타라고 하고, 길거리의 사람들은 야간 버스를 소개해 준다. 그런데 새벽 버스를 위해서는 택시를 타야 했고 그 택시비가 예산을 초과하여 야간 버스를 탈 수밖에 없었다.

　오전에 짐바브웨 하라레로 향하는 버스의 앞자리를 예약했다. 저녁 예정된 시간에 터미널에 왔지만 여전히 손님을 기다리고 있었다. 그사이 어두운 터미널과 시장 구석구석을 돌아다녔다. 퇴근하는 손님을 기다리며 당구를 치는 운전기사들, 아이들과 손잡고 집으로 가는 어른들, 조금이라도 팔기 위해 해가 지고도 자리를 지키는 상인들. 보츠와나의 모든 것이 좋아 보였다.

　그렇게 잘 돌아다니고 있었는데 거동이 수상한 청년이 코앞으로 다가오더니 내 몸 이곳저곳을 기분 나쁘게 치면서 알 수 없는 말로 소리쳤다. 참다가 결국 이성을 잃고 그 청년의 옷깃을 움켜 잡았다. 주변 사람들이 말렸다. 보츠와나의 이미지를 한 청년이 망쳐 버렸다. 청년은 어디론가 가 버리고 그 자리에서 숨을 한 참 고르고 나서야 다시 버스로 갈 수 있었다.

　나를 말리던 사람들의 말 중에 아직 두 문장이 생각난다. 하나는 'leave him(내 버려 둬)'이었고, 또 다른 하나는 'forgive him(용서해 줘)'이었다. 오늘따라 달빛이 처량하다. 날카롭게 날을 세웠지만, 오히려 약해 보인다. 그리고 다시금 깨닫는다. 역시 이렇게 짧은 시간으로는 한 지역에 관한 서술이 단편적일 수밖에 없다고 말이다. 그리고 생각한다. 어디까지가 단편적이고, 어디부터가 일반적인가.

아프리카를 향한 사랑이 또 다른 편견을 낳을 수 있다는 두려움, 그 두려움이 극복의 대상일 때가 있었다.

하지만 아직은 우리가 모르고 있는 것이 많기에, 또 너무 부정적으로 알고 있기에 적어도 아프리카를 조금이라도 경험한 나만큼은 긍정적으로 바라보아야 하지 않을까.

행여 내가 한쪽으로 치우치더라도 나로 인해 누군가가 '균형'으로 나아갈 수 있다면….

짐바브웨

사라지지 않을 이름 짐바브웨
영화로운 돌의 역사, 잊지 않길

짐바브웨 개관

국명	Republic of Zimbabwe (ZWE)
수도	하라레
면적(㎢)	390,757㎢ 세계 61위 (CIA)
인구(명)	14,546,961명 세계 72위 (2016 est, CIA)
인구밀도	37.2명/㎢ (2016 est, CIA)
명목GDP	142억$ 세계 116위 (2016, IMF)
1인당 명목GDP	979$ 세계 156위 (2016, IMF)
지니계수	43.15 (2011 est, World Bank)
인간개발지수	0.516 세계 154위 (2015, UNDP)
IHDI	0.369 (2015, UNDP)
부패인식지수	22 세계 154위 (2016, TI)
언어	영어, 쇼나어, 은데벨레어, 체와어, 치바르웨어, 카랑가어, 코이산어, 남비야어, 은다우어, 샹가니어, 소토어, 통가어, 츠와나어, 벤다어, 코사어, 짐바브웨수화

짐바브웨는 보츠와나를 마주하는 남서부 지역을 제외하면, 국토 대부분이 500mm 이상의 연 강수량을 보인다. 하라레를 비롯한 북부 및 동부 일부 지역의 연 강수량은 750mm를 넘는다. 그래서 남서부 지역의 스텝기후(BSh), 그 외의 지역의 온대동계건조기후(Cw)로 기후지역 구분을 요약할 수 있다. 강수는 우기(10월~5월)에 집중되고 건기에는 비가 거의 내리지 않는다.

짐바브웨의 중앙에는 북동부에서 남서부까지 넓은 고원이 이어진다. 그 고원 지역은 해발고도가 높아 다른 지역보다 기온이 선선하다. 한편 남북으로 획을 긋는 약 500km 길이의 그레이트다이크(Great Dyke)라는 독특한 지질이 있다. 땅속의 마그마가 지표 가까이 올라와 굳은 것으로 수많은 광물자원이 산재한다.

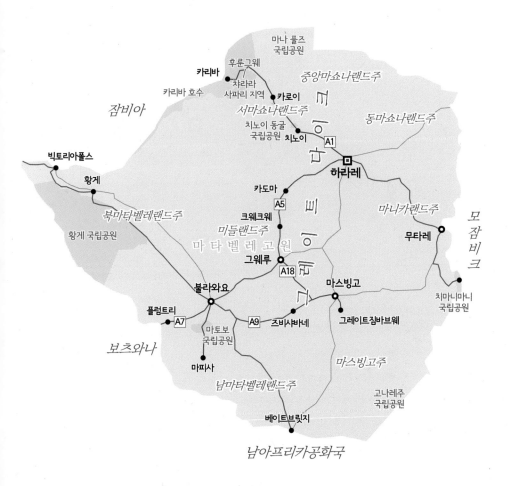

마나 풀즈
국립공원

카리바   후룬그웨   중앙마쇼나랜드주

카리바 호수   챠라라
           사파리 지역   카로이   동마쇼나랜드주

잠비아   서마쇼나랜드주

           치노이 동굴
           국립공원 치노이   A1

빅토리아폴스   하라레

    황게   카도마   마니카랜드주   모
                      A5   잠
북마타벨레랜드주   크웨크웨   무타레   비
                                               크
황게 국립공원   미들랜드주
        마 타 벨 레 고 원   그웨루
                          A18
                                마스빙고   치마니마니
          불라와요   국립공원
플럼트리
    A7   A9   즈비샤바네   그레이트짐바브웨
        마토보
보츠와나   국립공원   마스빙고주
        마피사
                              고나레주
       남마타벨레랜드주   국립공원

              베이트브릿지

        남아프리카공화국

* 지난 2차 유랑에서는 모잠비크에서 무타레로 들어와 치마니마니산, 하라레, 불라와요, 빅토리
  아 폭포를 보고, 남아프리카공화국으로 넘어갔다.

여행 경로 개관

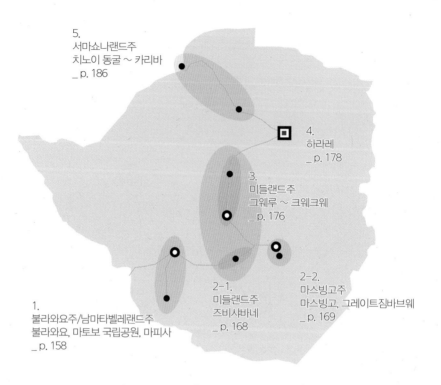

5.
서마쇼나랜드주
치노이 동굴 ~ 카리바
_ p. 186

4.
하라레
_ p. 178

3.
미들랜드주
그웨루 ~ 크웨크웨
_ p. 176

2-2.
마스빙고주
마스빙고, 그레이트짐바브웨
_ p. 169

2-1.
미들랜드주
즈비샤바네
_ p. 168

1.
불라와요주/남마타벨레랜드주
불라와요, 마토보 국립공원, 마피사
_ p. 158

1. 불라와요주 _ 불라와요 / 남마타벨레랜드주 _ 마토보 국립공원, 마피사

보츠와나에서 넘어와 찾은 첫 번째 도시는 불라와요다. 이어 마토보 국립공원을 지나치기 위한 목적으로 광산마을 마피사를 다녀왔다.

2. 미들랜드주 _ 즈비샤바네 / 마스빙고주 _ 마스빙고, 그레이트짐바브웨

지난 2차 유랑에서 놓친 쇼나족의 세계유산과 그레이트다이크 지질경관을 봐야 했다. 그래서 그웨루로 바로 가지 않고 마스빙고로 향했다.

3. 미들랜드주 _ 그웨루 ~ 크웨크웨

그레이트다이크라는 짐바브웨의 특징적인 지질구조가 미들랜드주를 관통한다. 즈비샤바네, 그웨루, 크웨크웨 등이 모두 그레이트다이크의 광물자원을 이용해 산업이 발달한 도시다. 눈에 띄는 이 지질구조를 불라와요-마스빙고 구간, 마스빙고-그웨루 구간에서 두 차례 확인했다.

4. 하라레

짐바브웨 수도의 다양한 모습을 정치와 경제적 상황과 연결하여 생각을 해 보았다. 시장, 터미널, 상가지역으로 깊숙이 들어가 보며 사람들이 살아가는 모습을 살펴보고 그들과 대화를 나누려고 했다.

5. 서마쇼나랜드주 _ 치노이 동굴 ~ 카리바

잠비아로 가는 길에 치노이 동굴이라는 흥미로운 곳에서 하루를 보냈다. 이어서 짐바브웨의 마지막 마을은 카리바다. 호숫가에서 노는 야생 동물들, 마을 사람들과 시간을 보냈다. 그리고 인간과 자연, 짐바브웨와 잠비아의 관계를 생각해 보았다.

■ 짐바브웨 첫 인상, 무타레

2015년 처음 짐바브웨를 갔을 때다. 모잠비크에서 짐바브웨로 가던 날, 나는 마치 아프리카에 처음 가는 사람인 양 떨었다. 미디어에 의해 양산된, 짐바브웨에 대한 수많은 부정적인 이미지 때문이다. 그러나 도착 후에 만난 그곳은 내 상상과는 딴판이었다. 길거리는 산뜻했고 사람들은 모두 다정했다. 모잠비크 국경과 가까운 짐바브웨에서 네 번째로 큰 도시 무타레의 이야기다.

_ 모잠비크에서 짐바브웨로 가는 미니버스를 탔다. 잘 차려입은 여자에게 국경으로 가는 것이 맞는지 확인차 물었다. 다행히(아니면 위험하게도) 그 여자도 짐바브웨로 간다고 했다. 그런데 그 여자는 사람을 만나야 한다며 중간에 내렸다. 국경에 도착했는데 외국인의 입국은 시간이 좀 걸렸다. 그 사이, 그 여자가 왔다. Still here? Go with me. 그 여자는 나의 입국심사가 끝날 때까지 기다렸다. 한 택시 기사가 무타레까지 10달러를 불렀지만, 여자를 비롯해 몇몇 사람들과 쉐어택시를 탔다. 인당 1달러. 적은 인원이 타서 긴장했다. 다른 곳으로 가지 않을까. 무사히 도착하자 그 여자는 하라레로 간다며 연락처를 준다. 도움이 필요하면 연락하라고 말이다.

_ 도시를 둘러보기 위해 길을 걷는데, 저 멀리 조그마한 언덕이 보인다. 무타레의 도시경관을 내려다볼 수 있을 것 같았다. 산으로 향하다가, 한 할머니께 저 산이 오를 수 있는 산인지 여쭈어보았다. That's interesting to you, right? 길은 모르지만 당연히 갈 수 있지 않겠냐고 하신다. 산을 향해서 계속 물어보며 걸었다.

_ 다정한 사람들이 많아 고마운 마음으로 걷는데, 한 아이를 보았다. 인사를 하는 데 쇼나어를 쓰는 것 같다. 내려다보니 신발 끈이 풀려 있다. 당당하게 걸어야지 끈은 왜 풀고 다니냐, 혼자 중얼거리며 묶어 주었다. 눈에서 안 보일 때까지 손을 흔든다.

_ 언덕 중간에서 남자 무리를 만났다. 식은땀이 나고 다리에 힘이 들어간다. 빨리 도망갈 준비를 하기 위해서. 그런데 그 사람들은 꼭대기로 가는 길만 알려 준 채 자기들끼리 하던 이야기를 이어갔다.

_ 정상에 올랐는데 허름한 옷차림의 아저씨가 누워 있다. 카메라를 꺼내면 안 될 것 같았다. 그 아저씨는 날 보더니 씨-익 웃으며 엄지손가락을 내민다. 그리고

무타레(Mutare), *마니카랜드주(Manicaland Province)*

는 다시 눈을 감았다. 괜찮을 것 같아서 카메라를 꺼내 충분히 사진을 찍었다. 한참을 쉬다가 내려갈 때서야 아저씨는 눈을 뜨고 웃으며 인사한다.

_ 다시 돌아오는 길. 아프리카에 관한 한 세상에서 가장 편협한 마음을 가진 한 지리학도를 보았다. 아프리카에 관해 나름대로 열려 있다고 생각했던 한 지리학도를. 나는 이날 단 하루 만에 짐바브웨에 대한 편견을 버렸고 마음껏 지리적 상상력을 펼쳐 나갔다. 그제야 짐바브웨는 색안경을 벗은 나에게 새로운 유랑을 허락해 주었다.

_ 가장 두려워했던 국가였다. 이 나라가 한때 백억 달러로 달걀 하나도 못사는 인플레이션으로 재정난을 겪었던 짐바브웨다. 아프리카의 어두운 면이 가장 많이 보도된 곳 중 하니디. 이곳에는 마치 서부 아프리카 일부 지역에 남아 있는 에볼라와 열대우림 지역에 많은 말라리아까지 넘쳐날 것만 같았다. 하지만 이곳에는 에볼라도 말라리아 모기도 없다. 그저 편견의 결정판이다. 저 글의 한 문장 한 문장에 녹아 있는 편견과 무지를 보면 나 자신도 부끄럽지만, 최대한 사실 그대로를 표현했다.

보통 색안경은 하나만 쓴다. 빨갛거나, 노랗거나, 파랗거나…. 그래서 편견이 생긴다. 그런데 꼭 아프리카를 볼 땐 너무 많은 색안경을 끼다 보니 검은색만 보인다. 수많은 색안경으로 검은색을 볼 바에는 눈을 감고 상상을 해라. 지리학도의 지구유랑기를 포함해 많은 여행기, 다큐멘터리, 봉사 수기, 보도자료를 다 잊어버리고, 상상해라. 차라리 그게 아프리카를 보는 적절한 방법이리라 확신한다.

다시 2016년 동남부 아프리카 유랑으로 돌아간다.

짐바브웨 국경 인근 버스 안에서

전날 보츠와나 마운에서 출발한 버스가 짐바브웨 국경에서 일출을 맞이했다. 버스 통로까지 짐
과 사람들로 가득 찼다. 짐 위에 앉은 한 아이가 잠에서 깨어나 앞을 바라본다. 답답하게 생각했
던 대형버스 안이 마치 아늑한 보금자리처럼 느껴졌다.

짐바브웨 국경 인근, 남마타벨레랜드주(Matabeleland South Province)

국경에서 출입국 절차가 이루어지는 동안 같은 버스를 탄 사람들과 가장 많이 이야기를 나누었
다. 누구는 인생을 얘기하고 누구는 손을 내밀었다. 모든 절차가 끝나고 사람들이 다시 버스에
오르고 있다. 여기서부터 짐바브웨다.

불라와요 도심, 불라와요주(Bulawayo Province)

■ 불라와요

　불라와요 지역은 슬픈 역사를 품고 있다. 과거 북은데벨레(Northern Ndebele) 족의 로벵굴라(Lobengula)라는 사람이 왕위에 오를 때 부족 전쟁으로 많은 사람이 희생되었다. 이때 지명이 불라와요로 정해졌다. 흔히 은데벨레어로 '학살의 장소(the place of slaughter)'라는 뜻이라고 한다. 그런데 불라와요 시의회 홈페이지에는 '왕위를 얻는 동안 겪었던 로벵굴라의 고통'을 의미한다고 나와 있다. 19세기 후반에는 은데벨레족이 영국의 침입에 대항하다가 수많은 인명 피해가 발생했다. 이 부족은 마타벨레(Matabele)족이라고도 불렸어서 당시 영국과의 전쟁을 미티벨레 전쟁(Matabele War)이라고 한다.

　불라와요(Bulawayo)는 약 1,350m의 고도에 위치해 기후가 선선하고 주변과의 접근성이 좋다. 그래서 식민시기 전후로 역사적 사건이 많다. 또한 광산업으로 성장한 경제를 바탕으로 짐바브웨 제2의 도시가 되었다. 도시경관은 깔끔한 격자형의 현대적인 분위기를 자랑하는데 자세히 보면 짐바브웨의 토착 문화와 식민 유산이 얽혀 있다. 더불어 불라와요는 국경을 넘나드는 지리적 요충지다. 보츠와나와 남아공으로 대중교통 네트워크가 발달했고, 빅토리아 폭포나 인근 국립공원으로 가는 관문이라 관광객도 많다.

벨뷰스트리트(Bellevue Street), 불라와요

포트스트리트(Fort Street), 불라와요

텐스애비뉴(Tenth Avenue), 불라와요

불라와요 시청(Bulawayo City Hall) 앞, 불라와요

마토보 국립공원, 마토포스로드, *남마타벨레랜드주*

■ 마토보 국립공원

지난 2015년 불라와요에 왔을 때, 꼭 가 보고 싶었지만 입장료를 포함한 비싼 관광 비용 탓에 가지 못했던 곳이 있다. 불라와요로부터 남쪽으로 50km 정도 떨어진 세계유산 마토보 국립공원(Matobo National Park)이다. 지표면에 드러난 화강암이 오랜 시간 풍화작용을 받으면서 독특한 바위 언덕과 계곡을 만들어 냈다. 그러한 경관 속에 코뿔소, 기린, 표범, 하마 등 많은 동물이 살아간다. 놀라운 것은 산족, 즉 부시먼이 옛날 화강암 바위에 그린 수백 개의 그림이 아직 남아 있다는 것이다. 이 역사적인 현장을 직접 보고 싶었지만 이번에도 예산 문제로 제동이 걸렸다.

대신 국립공원 지역을 지나가 보기로 했다. 지도를 보면 불라와요에서 남쪽으로 100km 정도 떨어진 앤털로프마인스(Antelope Mines)와 마피사(Maphisa)를 연결하는 마토포스로드(Matopos Road)가 있다. 이 길이 마토보 국립공원 서부를 관통한다. 버스를 타고 지나가기 때문에 비록 야생 동물과 암각화는 보지 못하겠지만, 어떠한 지형인지 어림잡을 수 있을 것 같았다. 그래서 사람들에게 물어 가며 남마타벨레랜드주의 작은 시골 마을인 마피사로 가는 미니버스에 올랐다.

국립공원을 지나면서 마토보의 독특한 지형인 '토르(tor)'를 많이 보았다. 화강암이 수직, 수평의 절리(틈)를 따라 오랜 시간 침식을 받으면서 만들어진 지형으로, 마치 공들여 쌓은 탑과 같은 모습이어서 인상 깊었다.

마토보 국립공원, 마토포스로드 인근, *남마타벨레랜드주*

  국립공원 안에는 뷰포인트가 하나 있는데, 많은 동물과 화강암 지형이 어우러진 드넓은 평원을 볼 수 있다고 한다. 나중에 그 뷰포인트에 올라 그러한 환경이 산족에게 어떤 존재였는지 생각해 보는 것은 분명 의미 있는 일일 것이다.

  그 길 위에서 에피소드가 하나 있다. 닭을 안고 타는 손님은 있었지만, 병아리를 택배로 보내는 손님은 처음이었다. 열 마리가 넘는 병아리가 있는 구멍이 송송 뚫린 상자를 한 손님이 안았다. 끊임없이 삐약삐약 하는 소리에 불평할 만도 한데 아무도 말하는 이가 없다. 그런데 신기한 것은 그 소리를 한 시간 넘게 듣고 있다 보니 나도 더 이상 불편하지 않았다. 계곡이나 파도 소리처럼 자연스러웠다.

마피사, *남마타벨레랜드주*

■ 마피사

　마포토 국립공원을 지나 앤틸로프마인스 옆에 있는 마피사에 도착했다. 마피사 (Maphisa)는 사람이 많지 않아 상가와 시장의 규모가 작은 마을이었다. 한쪽에서는 과일을 팔고, 한쪽에서는 버스가 손님을 모으며 마을 곳곳을 돌아다녔다.

　점심을 위해 상가에서 유일하게 북적이는 듯 보이는 식당으로 들어갔다. 밥을 먹던 사람들이 나를 신기하게 쳐다봤다. 현지어를 못하는 나는 일단 주방으로 향했다. 재가 날리는 실외 주방에는 모녀처럼 보이는 두 여자가 삿자, 닭고기, 소고기 등 세 가지만을 요리하고 있었다. 삿자(Sadza)는 옥수수 전분으로 만든 동남부 아프리카의 전통 음식으로 아무런 맛이 나지 않는 백설기와 비슷하다. 내가 선택한 닭고기와 삿자가 담긴 한 접시는 단돈 1달러였다.

　맛있게 밥을 먹고 식당 안에 있던 세면대에서 손을 씻었다. 그런데 주인이 나를 보고는 그저 웃는다. 세면대 앞에 현지어로 쓰여 있던 문구가 무슨 의미인지를 물어보았다. 손을 씻지 말라는 뜻이란다. 뒤늦게 사과를 했다. 건기라 물을 아끼기 위함이었을 것이다. 밖으로 나와 인사를 해 주는 주인의 마음이 참 따뜻하다. 아늑한 식당부터 한국 드라마가 좋다는 과일 장수까지 많은 것이 정겨운 마을이었다.

시립 카라반파크(Municipal Caravan Park) 캠핑장, *불라와요*

■ 텐트 속에서의 밤

동남부 아프리카에서 숙소 비용을 최소화하는 방법은 두 가지다. 하나는 카우치 서핑(couch surfing), 다른 하나는 캠핑이다. 전자는 여행자 커뮤니티를 통해 여행자가 현지인의 집에서 무료로 잠을 자는 것으로 주로 도시에서 가능하고, 후자는 캠핑장에서 공용의 편의시설을 쓰면서 텐트를 치고 자는 것으로 캠핑장만 있으면 가능하다. 그런데 나는 이미 텐트를 한국에 남겨 두고 떠나온 후였다. 짐이 많기도 했거니와 안전한 숙소에서 체류하자는 심정에서였다.

하지만 남아프리카공화국과 나미비아에서의 트럭킹 투어를 끝낸 뒤 곧바로 생각이 바뀌었다. 앞으로의 예산을 내다보니, 당장 다음 국가인 보츠와나부터 문제였다. 텐트가 없으면 숙박 비용으로 족히 하루 10~20달러는 지출해야 했다. 그래서 텐트를 사기로 했다. 저렴한 물건이 많다는 빈트후크의 차이나타운으로 가서 16,000원을 주고 후드도 없는 텐트를 구매했다. 보츠와나에서만 써도 본전이라고 생각했다. 결론부터 말하자면, 이 텐트는 남아프리카공화국과 나미비아를 제외한 모든 국가, 대부분 지역에서 나의 잠자리였다. 덕분에 생각보다 훨씬 많은 돈을 절약할 수 있었다. 더불어 정말 잊을 수 없는 많은 추억을 만들었다. 하지만 그보다 그 지역의 일교차와 최저기온을, 바람의 세기와 풍향을 직접 경험할 수 있어서 더욱 좋았다.

텐트와 관련된 가장 선명한 기억 중 하나는 이곳 불라와요에서 만들어졌다. 작년에 머물렀던 백패커스가 문을 닫은 탓에 차선책으로 방문한 캠핑장에서였다. 불라와요시에서 관리하는 그 캠핑장의 첫인상은 훌륭했다. 넓고 푸른 잔디밭에 매료되었고 곧 아무도 없는 이곳을 뛰어다닐 생각에 한껏 들떴다. 하지만 어둠이 몰려오면서 불길한 예감이 몰려왔다. 그리고 곧 그 예감은 적중했다. 우선 화장실에 전기가 들어오지 않았다. 때문에 셀 수 없이 많은 모기와 함께 희미한 노을빛 아래서 몸을 씻어야 했다. 해가 완전히 넘어가자 이내 암흑이 찾아왔다. 그 넓은 캠핑장에 사람이라곤 나 혼자뿐이었다. 담은 튼튼한지, 어디 뚫린 곳은 없는지 알 길이 없었다. 그래도 경비원이 있으니 괜찮을 것이라 생각했다.

그러나 그 생각은 오래가지 않았다. 밤 11시쯤 캠핑장 입구 사무실에 들렀을 때, 걱정은 뒤로한 채 편히 잠들어 있는 경비원과 사무직원을 보았다. 캠핑장 직원들을 믿었던 덕분에 얻은 심리적 안정감이 사라지는 순간이었다. 높은 나무와 넓은 풀밭에서 들리는 온갖 벌레 소리는 으스스했고, 허공에서 불어오는 바람 소리는 마치 사람 발소리로 들릴 만큼 컸다. 새벽 3시까지 뜬눈으로 지새우다, 결국 침낭을 들고 사무실로 갔다. 여전히 자는 경비원과 직원. 나도 그곳에서 침낭을 덮고 눈을 붙였다. 그리고 5시 경비원이 부스럭거리며 일어난 그때, 나도 몸을 일으켰다.

눈을 붙인 건 고작 두 시간이었다. 불행히도 일정상의 이유로 이틀 연속 같은 캠핑장에서 밤을 보내야 했다. 일과를 보내고 돌아온 나에게 직원은 사무실 야간 출입 금지령을 내렸다. 더는 사무실에서 잘 수 없다는 것이다. 나는 안심하고 잘 수 없다며 항의했으나 직원은 강경했다. 하는 수 없이 텐트 속에서 두 번째 밤을 보내기로 했다.

드디어 밤이 왔다. 불라와요는 1,000m가 넘는 고원에다 계절도 겨울이라 몹시 추웠다. 바람이 세차게 불어 텐트가 흔들리는 것 같으면 곧장 눈을 뜨고 앉아서 귀를 열었다. 그래도 조금은 익숙해졌는지 전날 밤보다는 나았다. 언제 잠이 들었는지도 모른 채 아침 햇살에 눈을 떴다. 텐트 밖으로 나와 캠핑장을 둘러봤는데 정말 상쾌하고 아름다웠다. 참으로 묘한 일이다. 이렇게 고요한 곳에서 그토록 두려워했다니. 그 두려움은 어디서부터 시작된 것일까. 확실한 건, 그곳에서 지낸 이틀 간 나는 불라와요 내의 어떤 체류자보다 겁쟁이였다는 사실이다.

즈비샤바네, *미들랜드주(Midlands Province)*

■ 즈비샤바네

불라와요의 이른 아침, 마스빙고(마싱고)로 향했다. 트레일러가 있는 미니버스에 올라탔다. 옆자리의 공무원은 월급이 400달러라며 살기가 어렵단다. 잘못된 정책으로 경기 침체가 길어진 탓이다. 하지만 짐바브웨의 지하자원은 양적, 질적으로 세계적이다. 그 자원이 모인 곳 중 하나가 그레이트다이크(Great Dyke)다. 짐바브웨 중심부에 남북으로 550km 정도 뻗어 있는 이 화성암체는 지반의 약한 부분을 뚫고 마그마가 관입하여 식으면서 형성되었다. 세계에서 두 번째로 매장량이 많다는 백금을 포함해 금, 은, 석면 등 많은 지하자원이 매장되어 있다. 위 사진 속에 깎여 나간 산도 즈비샤바네(Zvishavane)의 광공업의 현장이다.

즈비샤바네를 벗어나려는데 차가 멈췄다. 남자들이 모두 내려서 트레일러와 차를 밀었다. 그렇게 서너 차례의 시도 끝에 겨우 시동을 걸었다. 저속 기어를 놓고

기어가듯 나아가던 버스는 길가의 한 작은 마을에서 사람들의 도움으로 원래 상태로 돌아왔다. 그때부터 열심히 달렸다.

마스빙고, 마스빙고주(Masvingo Province)

■ 마스빙고

　그래서 예상보다 훨씬 늦게 마스빙고에 도착했다. 미니버스에 대학생들이 많아 마스빙고 기술대학에서 내렸다. 다행히 대학과 가까운 곳에서 유적으로 향하는 쉐어택시가 있었다. 마스빙고(Masvingo)는 그레이트짐바브웨 유적으로 가는 관문이다. 남쪽으로 25km 정도 떨어져 있어서 보통 쉐어택시나 미니버스를 이용한다.

　유적을 본 다음 날 다시 마스빙고를 찾았을 때, 경찰과 대중교통 간 끊임없는 숨바꼭질을 목격했다. 유적 인근에서 탄 미니버스는 단속을 피하고자 도시 주변의 무제케싱(Mucheke R.)을 큰 나리가 아닌 좁은 오솔길로 건닌다(아래 사진). 그리고 마스빙고에서 그웨루로 가는 미니버스에 올랐을 때는 버스가 손님을 기다리다가 경찰이 나타나면 재빠르게 구석진 골목으로 숨는다. 이어 다시 시장으로 가서 만석이 될 때까지 기다린다. 만석이 되어 출발할 때는 손님을 모으던 보조 기사는 내리고 정식 기사가 올라탄다. 이렇게 미니버스 안에서의 1시간 마스빙고 답사를 마치고 그웨루로 향했다.

그레이트짐바브웨 _ Great Zimbabwe

그레이트짐바브웨 대구역과 언덕 유적, *마스빙고주*

세계에서 가장 많은 언어를 법적으로 인정하는 짐바브웨. 16개의 공식어는 그 문화적 다양성을 대변한다. 하지만 쇼나 사람들의 유적을 국가의 역사성으로 연결해 국명을 정했다는 것은 쉽게 설명할 수 없는 민족과 부족 간 유대와 공존의 힘을 암시한다.

대구역, 그레이트짐바브웨

■ 그레이트짐바브웨의 역사

11~15세기에 세워진 이 도시는 짐바브웨 왕국의 수도였다. 그 왕국의 주인이었던 쇼나(Shona) 사람들은 주로 농업과 목축업에 종사했는데, 무역이 번성했던 당시에 이곳 인구는 18,000명에 이르렀다고 한다. 이곳은 전성기를 겪은 뒤 계속 증가하는 인구의 압력을 견뎌내지 못해 사람들이 떠나면서 쇠퇴하게 되었다.

'짐바브웨'라는 말은 쇼나어의 'Dzimba-dza-mabwe(돌로 만든 집)' 또는 'Dzimba-hwe(공경을 받는 집)'에서 온 것으로 추정한다. 정교하게 쌓인 돌 그 자체가 쇼나족의 역사적 산물이자 상징이다. 짐바브웨는 이 유적의 이름으로 국명을 정하고, 토템이었다고 여기는 '스테아타이트 새'를 국가 문양으로 정했다. 그래서 돌밖에 없는 폐허일 뿐이라고 말하기엔 유적의 가치가 높다. 참고로 1980년 독립 전에는 '로디지아(Rhodesia)'라고 불렸다. 그 지명은 케이프 식민지 총리이기도 했던 영국의 정치인 '세실 존 로즈(Cecil John Rhodes)'에서 따온 것이다.

이 유적은 크게 언덕 유적(Hill Ruins), 대구역(Great Enclosure), 계곡 유적(Valley Ruins)로 구분한다. 화강암 기반의 언덕 유적은 요새와 같으며 지도부의 공간으로 추정된다. 그 아래의 대구역과 계곡 유적은 공동체의 생활 공간으로 당시 쇼나족의 문화에 관한 중요한 유물이 많이 발견되었다.

언덕 유적, *그레이트짐바브웨*

가파른 숨을 쉬며 오른 언덕 유적(Hill ruins)에서 먼 곳을 내려다보았다. 수십 킬로미터까지 보이는 1,000m가 넘는 고원, 그곳에서 피워 낸 영화를 생각하니 가슴이 두근거린다.

수백 년 전 이곳의 모습을 상상하며 유적지 캠핑장에서 홀로 잠들었다. 원숭이들이 뛰어놀고 온갖 벌레가 노래를 부른다. 별은 반짝이고 바람은 부드럽다.

대(大)구역 _ Great Enclosure

대구역, 그레이트짐바브웨

유적 발굴 당시, 그 위대함에 놀란 유럽인들은 그리스, 이집트 등의 유산이라 생각했다고 한다. 하지만 오랜 조사 끝에 반투 계열인 쇼나족의 유산임이 드러났고, 1986년 유네스코 세계유산에 등재되었다. 그레이트짐바브웨가 처음에 그랬던 것처럼, 아프리카에는 아직 세상 밖으로 드러나지 않은 역사가 많다.

그 '역사'란 일반적으로 건축물이나 유물과 같은 시각적이고 물리적인 사료를 통해 견고하게 다져진다. 하지만 오랜 기간 무문자 사회였던 지역이 많기에 사료가 부족하고 그래서 깊게 연구되거나 알려지지 못했다. 분명한 것은 사료가 부족하다고 해서 역사가 없는 것이 아니라는 점이다. 오히려 다양한 언어가 공존하는 무문자 사회 속에서도 수많은 부족이 하나의 대륙에서 서로를 인정하고 견제하며 공존해 왔던 아프리카 사람들의 생각과 철학을 이해해야 할 것이다.

보기스 기념 시계탑(Boggie's Memorial Clock Tower), *미들랜드주 그웨루*

■ 그웨루

　마스빙고에서 출발한 미니버스는 다시 그레이트다이크(Great Dyke)를 넘어 그웨루에 도착했다. 전날 제대로 챙겨 먹지 못한 탓에 주린 배를 채운 뒤, 시장으로 갔다. 전날 잃어버린 모자를 구매하기 위해서다. 똑같은 제품들이 줄지어 있는 시장. 한 아이가 파는 모자를 선택했다. 남자아이였지만 내가 외국인이라 그런지 부끄러워한다. 그렇게 한 여행자가 시장을 스쳤다.

　그웨루(Gweru)는 불라와요처럼 마타벨레 사람들의 마을이었다. 그러나 영국이 손쉬운 식민 지배를 위해 군사기지를 세우면서 도시화가 진행되었다. 이후 상공업 발달과 인구 유입으로 현재의 그웨루가 만들어졌다. 하라레와 불라와요를 잇는 A5 도로상에 있는 데다 국토 중앙부에 위치해 교통의 요지다. 하라레, 불라와요에 이어 짐바브웨에서 세 번째로 큰 도시라는 사실이 그웨루의 규모를 말해 준다.

크웨크웨, *미들랜드주*

■ 크웨크웨

숙소 주변에 술집이 두 개나 있어서 정말 시끄러웠다. 잠을 설쳤지만 아침 일찍 일어나 숙소에서 마련해 준 물로 간단하게 씻고 거리로 나섰다. 크웨크웨로 가는 버스에 올랐는데 아침부터 말다툼이 났다. 버스가 만석이 될 때까지 1시간 넘게 기다린 손님이 환불을 요구한 것이다. 기사는 기름값으로 썼다며 불가능하다 했다. 옆에 있던 아저씨가 말하길 7시부터 기다렸다고 한다. 버스는 9시에 출발했다.

크웨크웨(Kwekwe)에 도착했다. 19세기 말 광산개발을 시작으로 유명 철강회사들이 성상한 곳이나. 사람들의 도움으로 도시 외곽의 광입 빅물관을 찾아갔다. 규모는 아주 작았지만, 큐레이터는 친절하게 설명해 주었다. 이후 북적이는 시장 옆의 터미널에서 하라레로 가는 큰 버스에 올랐고, 카도마(아래 오른쪽 사진)에 잠시 정차했다.

하라레 도심 _ Harare Downtown

줄리어스니에레레웨이(Julius Nyerere Way), 하라레주(Harare Province) 하라레

약 1,480m 고원에 있는 짐바브웨의 수도. 영국 식민통치의 거점이었고 20세기 중반에는 로디지아 니아살랜드 연방(Federation of Rhodesia and Nyasaland, 현재 짐바브웨·잠비아·말라위)의 수도였던 하라레. 독립 후 꾸준히 이어가지 못한 성장의 길을 언제 열 수 있을까?

제이슨모요애비뉴(Jason Moyo Avenue), *하라레*

■ 짐바브웨의 수도 하라레

　2015년 짐바브웨에 왔을 때, 백인과 흑인을 막론하고 내가 만난 모든 짐바브웨 국민들이 자국의 경제를 걱정했다. 1년 뒤, 상황은 여전했다. 2016년 하라레의 첫 인상은 ATM 앞에 줄을 서 있는 수십 명의 사람들이었다. 국내 은행의 재정이 불안하여 현금을 인출하기 위해 항상 줄을 선다는 것이다. 1인당 하루 인출 한도가 정해져 있어, 사람들이 매일 나온다고 한다.

　짐바브웨의 상황은 세계 최고령 대통령이었던 로버트 무가베(Robert Mugabe)의 30년 넘는 독재와 독립 이후의 정책들을 빼고서는 이야기할 수 없다. 토지 개혁, 경제 개발 등 무가베 정권의 행보는 엄청난 인플레이션을 낳았고, 결국 자국의 화폐를 버린 채 미국달러를 채택해야만 했다. 짐바브웨 사람들로부터 많은 이야기를 들었지만, 한 남자의 말이 기억에 남는다.

Sometimes good man, but sometimes bad man.

Market Square, Coppacabanna, Angwa Street 등 도심 곳곳에는 터미널과 시장이 산재해 있다. 가장 큰 터미널 중 하나는 포스스트리트 버스 터미널(Fourth Street Bus Terminal)이고 이곳의 버스들은 주로 동쪽으로 향한다. 당연히 터미널도 도심의 동쪽에 있다.

시장 구석구석을 걸어 다니다가 맘에 드는 검은색 손수건을 찾았다. 한국에서 가져온 연두색은 너무 눈에 띄어서 검은색을 가지고 싶었다. 그래서 내 손수건에 50센트(USD)를 더해 교환했다.

제이슨모요애비뉴, *하라레*

■ 하라레의 경관과 역사

하라레는 마쇼나랜드(Mashonaland) 지역의 고원에 있다. 그래서 같은 위도대의 저지대보다 기온이 선선하다. 내가 머문 한 백패커스는 도심 북쪽의 주거지역에 있었다. 그 지역을 남북으로 횡단하는 밀턴스트리트(Milton Street)는 도심과 연결되어 있어 자주 걸었다. 물론 울창한 가로수가 없었다면, 버스를 타고 다녔을 것이다. 한참을 걸어도 지겹지 않을 멋진 길이었으니까. 높은 건물이 가득한 하라레 도심은 한때 건장했던 국가의 수도다웠다. 거리의 수많은 사람은 쓰러지는 경제와 정치 속에서도 각자의 길을 걷고 있었다.

하라레 건설의 시작은 영국의 식민 거점이 되었던 19세기 후반부터다. 세실 존 로즈 중심의 영국 남아프리카 회사는 하라레를 거점으로 넓은 땅으로 뻗어 나갔다. 그렇게 차지한 영토가 '로디지아'다. 하라레의 원래 지명은 식민시절에 영국 총리의 이름이었던 솔즈베리(Salisbury)였다. 그래서 도시의 시작부터 식민 역사가 반영되었다. 특히 주거지역 분화가 뚜렷하다. 이는 과거부터 이어진 권력, 경제력, 인종 등의 차이와 관련이 있다. 백인이 많은 고소득층 주거지역은 도심 북쪽, 흑인이 많은 저소득층 주거지역은 도심 남쪽에 많다. 참고로 도시의 이름을 솔즈베리 지역의 흑인 주거지역 지명인 '하라레'로 바꾼 것은 독립 후인 1982년이다. 현재 음바레(Mbare)라 불리는 그 주거지역도 도심 남쪽에 있다.

아프리카유니티스퀘어(Africa Unity Square), 하라레

스피크애비뉴(Speke Avenue), 하라레

하라레 교외 _ Harare Suburbs

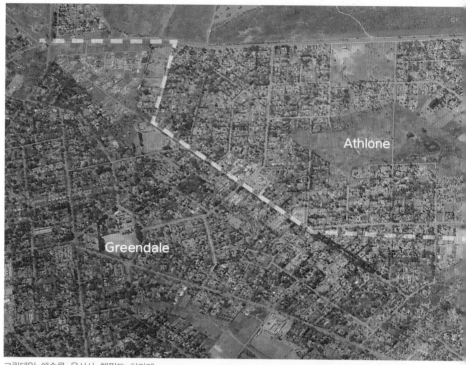

그린데일·애슬론·음사사·햇필드, *하라레*

엡워스, *하라레주*

본 유람을 시작할 때, 북반구의 에티오피아에서 비행기를 길아타서 남반구의 남아프리카공화
국으로 갔다. 그 당시, 적도 지역은 운량(구름의 양)이 많아 땅을 잘 내려다볼 수 없었다. 하지만
건기였던 남부 아프리카 지역은 꽤 자세히 보였다.

위 사진은 하라레 동부의 교외지역을 지날 때 찍었다. 왼쪽(북쪽)부터 그린데일(Greendale), 애
슬론(Athlone), 음사사(Msasa), 햇필드(Hatfield) 지역 순으로 이어진다. 철도와 주요 도로가 지
나가는 자리에는 음사사라는 산업지역이 있다. 그리고 그 왼쪽에 그린데일과 애슬론이 있는데
한 건물이 넓은 면적을 가진 저밀도 주거지역이다. 녹지 공간이 많아 생활환경이 쾌적하다고 볼
수 있다. 음사사 오른쪽(남쪽)의 햇필드는 녹지가 비교적 적지만 여전히 저밀도 주거지역으로
분류할 수 있다. 이러한 주거지역은 하라레 북동부 교외에 많다.

햇필드 남쪽으로 멀지 않은 곳에 자리한 엡워스(Epworth)는 위의 지역들과 대비된다. 저소득
층이 대부분인 고밀도 주거지역이다. 그래서 녹지 공간도 부족하고 정돈된 격자형이기보다는
미로처럼 복잡한 편이다. 이러한 저소득층 주거지역은 남서부 교외에 많다. A4 도로의 서쪽 글
렌노라(Glen Norah), 하이필드(Highfield), 글렌뷰(Glen View) 등이 대표적인 예다. 급속한 도
시화로 인해 지방에서 몰려온 많은 사람이 도시 기반시설 마련되지 못한 곳에 머무는 것이다.

치노이 동굴 국립공원, *서마쇼나랜드주(Mashonaland West Province)*

■ 치노이 동굴 국립공원

하라레에서 잠비아로 가는 길, 접근성이 좋은 국립공원이 하나 있다. 파란 코발트 빛의 물웅덩이가 있는 치노이 동굴(Chinhoyi Caves)이다. 그 물웅덩이의 확인된 깊이가 약 96m라고 하니 정말 놀랍다. 석회석과 백운석이 만들어낸 동굴과 그 안에서 살아가는 물고기들은 자연의 신비로운 작품이다. 이곳의 이름은 과거 이 지역에서 활동했던 한 부족의 추장 이름 '치노이'에서 왔다고 한다.

오늘 캠핑장에서도 난 혼자다. 그러나 상황은 불라와요 캠핑장보다 열악하다.

치노이 동굴 국립공원 캠핑장, *서마쇼나랜드주*

잠자리를 지켜 줄 보호 장치, 울타리가 없다. 외지인의 출입도 자유롭다. 공원 경비
원이 온다는 말에도 안심할 수 없었던 이유다. 문제는 이 상황에 진지한 사람은 나
뿐이란 거다. 현지인들은 겁먹은 나를 보고 되레 재밌어한다. 그러더니 축구나 보
자며 인근 술집으로 나를 데려갔다. 첼시가 한 골을 넣자 신이 나서 춤을 추다가 술
잔도 깼다. 경기가 끝나 캠핑장으로 돌아오니 한 경비원이 다소곳이 앉아 있다. 결
국 공원 사무실 옆으로 텐트를 옮기고 긴장 속에서 밤을 보냈다.

카리바 호수 _ Lake Kariba

카리바 호수, 서마쇼나랜드주

담수 용량이 세계적인 수준인 카리바 호수. 남부 아프리카 최대의 강인 잠베지강 중류에 있는 카리바 호수는 자연 호수가 아닌 인공 호수다. 댐 건설로 만들어진 이 호수를 보면 잠비아와 짐바브웨의 관계, 자연과 인간의 관계를 생각하게 된다.

아름다운 호수라고만 말하기엔 많은 희생이 필요했다. 양쪽 국가 모두에게, 그리고 자연과 인간 모두에게. 하지만 눈에 보이는 이 호수의 효과를 평가절하할 수도 없는 일이다. 비가 내리지 않는 건기의 물이란 그 자체로 생명수이기 때문이다.

카리바 호수는 가까운 거리에서 코끼리를 안전하게 볼 수 있는 곳이었다. 뜨거운 낮이 되면 코끼리들이 호수로 나와 물에서 놀았고 얼룩말도 고기를 잡는 어부들과 거리낌 없이 함께 있었다.

카리바 시장, *서마쇼나랜드주*

■ 카리바

　카리바 호수 북쪽에는 카리바 마을이 있다. 잠베지강이 흘러가는 지역인 만큼, 고도가 낮아 동쪽의 고원지대보다 기온이 높다. 이 마을은 한때 카리바댐 건설에서 일하던 많은 사람의 주거지역이었다. 호수가 만들어진 이후에는 수력발전소에서 일하는 사람들이 남아 있다. 또한 짐바브웨에서 카리바 호수를 보러 가는 사람들이 지나는 마을이어서 특히 관광산업이 발달해 있다.

　마을의 규모는 작지만 소소한 행복 속에서 즐겁게 살아가는 사람이 많았다. 식당에서 밥을 먹는데 아무렇지 않게 자리를 같이하고 대화를 나눈다. 과일을 사러 시장에 갔을 때는 한 아주머니가 카메라를 보더니 사진을 찍어 달라고 하셨다. 그래서 풍성한 과일과 채소를 배경으로 찍어 보여드렸다. 마음에 든다며 소녀처럼 수줍게 웃으셨다.

　시장과 터미널 주변으로는 주거지역이 이어진다. 그런데 지금까지는 보지 못했던 새로운 주거 환경을 보았다. 슬럼도 아니고 진흙과 수풀로 만든 전통적인 집도 아니었다. 담벼락은 나무나 키가 큰 풀을

이용해서 조그맣게 만들어 놓았다. 대부분 집이 마당을 가지고 있었는데, 작은 마당은 예쁜 돌이나 화분으로 꾸며져 있었다. 차가 있는 가정에는 마당과 이어진 작은 주차장도 보였다.

해질 무렵, 길 한편에서 대여섯 명의 청년들이 작은 음악회를 열었다. 각자 다른 악기를 손에 쥔 채 신나게 곡을 연주했다. 그들을 지나쳐 걸어가는데 어디선가 어린아이들이 하나둘씩 달려와 인사를 건넸다. 이 아이들은 마을을 돌아다니는 내내 함께 걸었고, 어디선가 나타난 '신기한 외국인'에 대한 호기심을 감추지 못했다.

■ 카리바댐

　20세기 초반에 계획되고, 중반에 영국 연방에 의해 건설된 카리바댐은 잠비아와 짐바브웨가 공동으로 관리한다. 잠베지강의 협곡을 메울 당시 수천 명의 통가(Tonga) 사람들이 이주했다. 미처 나오지 못한 동물들을 사람들이 옮겨주는 '현대판 노아의 방주'도 실현됐다. 이 댐으로 잠비아와 짐바브웨 국경에는 약 220km 길이의 호수가 만들어졌다.

카리바 호수의 얼룩말, *서마쇼나랜드주*

넓은 의미의 '자연스러움'이란 자연환경과 인간 활동 사이의 복잡하고 끊임없는 상호작용을 포함한다. 아름다운 호반에서 느껴지는 자연스러움은 오랫동안 인간과 동식물이 함께했던 결과라고 카리바 호수는 말한다.

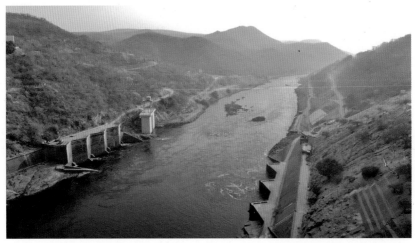

카리바 협곡, *짐바브웨와 잠비아의 국경*

잠베지강은 댐을 지나 카리바 협곡을 따라 유유히 제 길을 간다. 호수를 가득 메우고도 풍부한 유량을 안은 잠베지강은 모잠비크를 가로지른 뒤 인도양에 닿을 때까지 1,000km 이상을 흐를 것이다.

잠비아

한참을 보고도 또다시 보게 되는
그런 아름다움과 광대함이 있는
남부 아프리카의 젖줄, 잠베지

잠비아 개관

국명	Republic of Zambia (ZMB)
수도	루사카
면적(㎢)	752,618㎢ 세계 39위 (CIA)
인구(명)	15,510,711명 세계 70위 (2016 est, CIA)
인구밀도	20.6명/㎢ (2016 est, CIA)
명목GDP	206억$ 세계 106위 (2016, IMF)
1인당 명목GDP	1,231$ 세계 153위 (2016, IMF)
지니계수	55.62 (2010 est, World Bank)
인간개발지수	0.579 세계 139위 (2015, UNDP)
IHDI	0.373 (2015, UNDP)
부패인식지수	37 세계 87위 (2016, TI)
언어	영어, 뱀바어, 냔자어, 로지어, 통가어, 카온데어, 루발레어, 룬다어

잠비아의 연 강수량은 대부분 지역에서 700mm 이상이다. 그중 50% 이상이 1,000mm를 넘고 북부 지역 일부는 1,300mm를 넘는다. 다만 대부분의 강수가 우기에 집중되며 건기에는 비가 거의 내리지 않는다. 나미비아에서 북향하면서 강수량이 계속 증가하는 것은 적도에 다가가고 있다는 증거다. 그래서 건조한 스텝기후(BSh)를 보이는 남부 지역을 제외하면 대부분이 온대동계건조기후(Cw)에 속한다. 특히 잠비아는 더운 여름(hot summer)이 특징인 Cwa기후가 많고, 이러한 기후는 습윤한 아열대기후(humid subtropical climate) 또는 아열대습윤기후라고도 불린다.

'잠비아'라는 국명은 잠베지강에서 왔다. 이 강은 남부 아프리카 최대의 강으로 잠비아 북서부 산지에서 발원하여 서부 지역에서 남쪽 방향으로 흐르고 남부 지역에서 나미비아와 짐바브웨의 국경을 이룬다. 잠베지강의 큰 지류로 카퓨강과 루앙와강이 있는데, 이들 강이 흐르는 지역은 물이 모이는 곳으로 고도가 낮다.

하지만 국토의 많은 부분이 1,000m가 넘는 고원과 산지로 이루어져 있다. 그래서 잠비아는 평균고도가 1,138m(CIA 기준)에 이른다. 북동부 지역의 단층지대에는 급경사면과 넓은 계곡이 있다. 이는 각각 무칭가 에스카프먼트와 루앙와 계곡이라 불린다.

여행 경로 개관

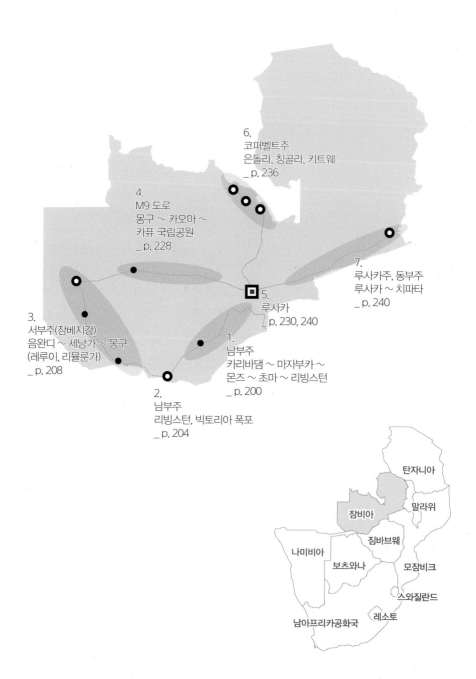

6.
코퍼벨트주
은돌라, 칭골라, 키트웨
_ p. 236

4.
M9 도로
몽구 ~ 카오마 ~
카퓨 국립공원
_ p. 228

7.
루사카주, 동부주
루사카 ~ 치파타
_ p. 240

5.
루사카
_ p. 230, 240

3.
서부주(잠베지강)
음완디 ~ 세낭가 ~ 몽구
(레루이, 리뮬룬가)
_ p. 208

1.
남부주
카리바댐 ~ 마자부카 ~
몬즈 ~ 초마 ~ 리빙스턴
_ p. 200

2.
남부주
리빙스턴, 빅토리아 폭포
_ p. 204

탄자니아

말라위

잠비아

짐바브웨

나미비아

보츠와나

모잠비크

스와질란드

레소토

남아프리카공화국

1. 남부주 _ 카리바댐 ~ 마자부카 ~ 몬즈 ~ 초마 ~ 리빙스턴

카리바댐을 건너 잠비아로 들어섰다. 일반적으로는 루사카에서 하루를 보내고 리빙스
턴으로 향하지만, 여유가 없어서 바로 리빙스턴으로 가야 했다. 여러 번 환승을 하면서
마자부카의 사탕수수 농장도 보고 초마의 박물관도 들렀다.

2. 남부주 _ 리빙스턴, 빅토리아 폭포

지난 2차 유랑에서 짐바브웨 쪽에서만 빅토리아 폭포를 봤기에 이번에는 잠비아 쪽에
서 폭포를 봤다. 건기의 절정이어서 마른 강바닥의 수많은 포트홀(하천의 침식으로 만
들어진 크고 작은 둥근 구멍)과 그 위에서 생활하는 야생 동물을 볼 수 있었다.

3. 서부주(잠베지강) _ 음완디 ~ 세낭가 ~ 몽구(레루이, 리뮬룬가)

잠베지강을 따라 북서쪽으로 올라가면서 거대한 강이 주는 감동의 파노라마를 느꼈
다. 그리고 세낭가에 이르니 잠베지강의 거대한 바로체 범람원이 이어졌다. 몽구, 레루
이, 리뮬룬가에서 살아가는 로지 사람들이 서부주의 핵심 주제다.

4. M9 도로 _ 몽구 ~ 카오마 ~ 카퓨 국립공원

몽구를 떠나 M9 도로를 따라 루사카로 향했다. 서부주의 북동부에 있는 도시인 카오마
를 지나자 카퓨강이 흐르는 카퓨 국립공원이 나왔다. 운이 좋게도 코끼리를 비롯한 몇
몇 야생 동물을 버스 안에서 볼 수 있었다.

5. 루사카

그간 빠듯하게 돌아다녀서 루사카에서는 여유로운 시간을 보냈다. 덕분에 도심, 터미
널, 시장에서 많은 에피소드를 남겼다.

6. 코퍼벨트주 _ 은돌라, 칭골라, 키트웨

잠비아에서 빼놓을 수 없는 산업지역인 코퍼벨트는 잠베지강에 이어 두 번째로 인상
깊었던 곳이다. 구리 산업으로 발달한 은돌라, 칭골라, 키트웨 등 대도시를 중심으로
다녀왔다. 코퍼벨트주 이후 바로 치파타로 가고 싶었지만, 무칭가 에스카프먼트가 만
들어 낸 자연의 장벽에 가로막혀 루사카로 되돌아와야 했다.

7. 루사카주, 동부주 _ 루사카 ~ 치파타

루사카에서 치파타로 가는 길은 로우어잠베지 국립공원의 경계를 지나간다. 사람이
살지 않는 듯한 오지를 지나가지만 크고 작은 마을들이 연이어 나타났다. 그리고 도착
한 잠비아의 마지막 도시는 치파타다.

■ 리빙스턴 가는 길 _ 4번의 환승, 560km의 여정

1. 카리바댐~T1 교차로 : 카리바댐의 잠비아 국경에서 쉐어택시를 타고, 루사카행 미니버스가 지나가는 정류장까지 갔다. 그곳에서 30분을 기다렸다가 시아본가(Siavonga, 카리바 호수 주변의 잠비아 마을)에서 출발한 루사카행 미니버스에 올랐다. 미니버스는 루사카로 가는 T2 도로를 달렸다.

2. T1 교차로~몬즈(Monze) : T1 도로를 만나는 교차로에서 내렸다. 그곳에서 남서쪽의 리빙스턴 방향으로 가는 미니버스로 갈아탔다. 사탕수수 농장으로 둘러싸인 마자부카(Mazabuka)를 지나며 T1 도로를 따라 달리던 버스는 몬즈의 한 시장에서 멈췄다.

3. 몬즈~초마(Choma) : 몬즈에서 중형버스를 타고 초마로 향했다. 초마는 남부주의 주도로 인구가 많은 큰 도시다. 다음 목적지로 가는 버스를 기다리는 동안 초마 박물관에 잠시 들렀다.

4. 초마~리빙스턴(Livingstone) : 늦은 오후가 되어서야 리빙스턴까지 가는 대형버스를 탈 수 있었다. 어둠 속을 달리던 버스는 저녁 7시가 넘어 도착했다.

카리바댐 인근, 남부주(Southern Province)

카리바댐을 건너 잠비아에 도착했다. 이른 아침이라 바람은 쌀쌀했지만, 무거운 짐을 지고 30분 넘게 걸어 등에는 땀이 비 오듯이 흘렀다. 한 발 한 발 내딛는 것이 힘들었지만 마음은 행복했다.

카리바댐 인근에서 출발한 미니버스는 인적이 드문 길을 달렸다. 이따금 보이는 길거리 상인들과 아이들은 역시 가끔 지나가는 버스를 바라봤다.

잠비아 첫날, 가장 기억에 남는 것은 '집'이다. 언덕에 자리 잡은 저 집들은 자연에서 얻은 재료로 만들어졌다. 특히 장초(키가 큰 풀)는 이 지역에서 가장 얻기 쉬운 재료였을 것이다. 장초에 가린 한 사람의 모습이 참 자연스럽다.

몬즈로 가는 T1 도로 인근, *남부주 마자부카*

T2에서 T1 도로로 방향을 바꾸고 얼마 지나지 않아 마자부카에 도착했다. 갈색의 건조한 초원을 달리다 이곳에서 초록으로 물든 넓은 들판과 마주쳤다. 마자부카는 국내 설탕 생산을 주도하는 거대한 사탕수수 농장이 있는 큰 마을이다.

몬즈에서 초마로 가는 T1 도로 인근, *남부주*

큰 마을을 지나갈 때면 어김없이 나타나는 것이 시장이다. 토마토, 양파와 같은 농산물은 진열대 위에, 상인들은 그늘 안에 있다. 하지만 지나가던 버스가 잠시 정차라도 하면, 상인들이 모두 달려 나와 자신의 물건을 팔려고 애를 쓴다.

초마, *남부주*

초마는 주변 지역의 물산이 모이는 중심지다. 이 지역은 카리바 협곡을 포함한 잠베지강 중류 지역에서 살았던 통가(Tonga) 사람들의 영역이었다. 이 부족을 소개하는 초마 박물관이 있어서 잠시 찾아가 보았다.

초마에서 리빙스턴으로 가는 T1 도로 인근, *남부주*

초마에서 탄 대형버스는 리빙스턴을 향해 신나게 달렸다. 출발한 지 얼마 지나지 않아 해가 져서 창밖이 잘 보이지 않았다. 하지만 그 직전까지, 은은하고 따뜻한 빛 아래에 초원을 거니는 사람들과 동물들을 볼 수 있었다.

모시오아툰야 폭포(빅토리아 폭포)
_ Mosi-oa-Tunya(Victoria Falls)

모시오아툰야 폭포, 남부주 리빙스턴구(Livingstone District)

땅의 약한 곳을 거침없이 깎아 내는 거대한 물줄기 잠베지강. 끊임없는 두드림으로 땅의 상대적으로 약한 부분을 침식시키며 경이로운 걸작을 만들어 냈다. 아주 오랜 과거인 2억 년 전 공룡이 살았던 때부터 150만 년 전 석기 시대 인류 등장에 이어 지금의 순간까지, 이곳은 많은 생명의 터전이었다.

이 거대한 폭포를 발견한 리빙스턴은 영국 여왕의 이름 '빅토리아'를 폭포 명으로 정했다. 하지만 원래 그 지역에 살던 사람들은 '모시오아툰야(Mosi-oa-Tunya)'라고 불렸다. 그 뜻은 '천둥 치

는 연기(The Smoke That Thunders)'다.

우기가 되면 아주 먼 곳에서도 보이는 물보라와 굉장히 요란하게 떨어지는 물줄기는 자연의 강력한 힘을 실감하게 한다. 또한 건기가 되면 강의 유량이 줄어 바닥을 드러내고 물줄기는 여러 갈래로 나뉘어 떨어진다. 그래서 건기는 폭포 위를 걸으며 물이 흐르는 땅을 자세히 볼 수 있는 시기이기도 하다.

모시오아툰야 폭포, *남부주 리빙스턴구*

■ 모시오아툰야 폭포(빅토리아 폭포)의 지형 형성

폭포의 형성 이야기는 잠비아 남부에 용암이 분출했던 중생대로 거슬러 올라간다. 약 1억 8천만 년 전, 지표로 흘러나온 용암이 식어 현무암이 될 때 수축으로 인해 크고 작은 균열이 생겼다. 이후 그 용암대지 위로 한때 호수가 생겼다. 호수 바닥과 그 균열에 모래가 퇴적되었다. 모래는 오랜 시간이 지나면서 딱딱한 사암으로 굳었다. 지구의 환경변화는 멈추지 않았다. 호수가 사라진 잠비아 남부에 강이 흐르기 시작했다. 현무암 균열을 채우고 있던 연약한 사암이 먼저 깎여 나가면서 깊은 협곡과 폭포가 만들어졌다. 그리고 그 균열은 점점 커지고 깊어졌다.

이 과정에 지각변동도 있었다. 1억 년 이전부터 시작된 곤드와나의 분열로 땅이 갈라지거나 균열이 커졌다. 2백만 년 전에는 마카디카디 판(Makgadikgadi Pan)이 솟아올랐다. 잠베지강 상류가 잠비아 남부주에서 동향하게 된 시기도 2백만 년 전이다. 그전에는 칼라하리 분지로 남향했고, 림포포강(Limpopo R.)의 하천체계에 속했다고 여겨진다(현재에도 잠비아 서부주의 잠베지강 상류는 남향한다). 중요한 점은 균열의 방향과 물길의 방향이 직각에 가깝다는 점이다. 잠베지강의 폭포는 균열들을 하나씩 침식하며 상류 방향으로 이동했다. 그래서 폭포에서 하류 방향으로 지그재그 형태의 7개 협곡이 남았다. 따라서 폭포의 형성은 화산활동, 기후변화, 지각변동 등 여러 사건과 관련이 있다.

리빙스턴, 남부주

■ 리빙스턴

　리빙스턴(Livingstone)은 폭포 인근의 영국 식민도시다. 20세기 초 북로디지아 (현재의 잠비아)의 수도였고, 짐바브웨와 잠비아의 분리와 독립 이후 관광도시로 성장하고 있다. '리빙스턴'이란 지명은 19세기 유럽인 최초로 이곳을 찾아온 영국의 탐험가 이름에서 왔다. 바로 동남부 아프리카의 근대사에 빠지지 않는 인물 데이비드 리빙스턴(David Livingstone)이다. 그는 잠베지강과 동아프리카 지구대의 호수들을 중심으로 수년간 선교와 탐험을 했다. 동시에 아프리카에 관한 관심 제고, 노예제 폐지, 새로운 산업의 필요성 등을 주장했다. 그러나 제국수의의 침탈 과정에 미친 유럽 선교사 및 탐험가의 영향은 여전히 논란의 대상이다.

모시오아툰야로드(Mosi-Oa-Tunya Road), 남부주 리빙스턴

음완디, *서부주*

어두운 새벽 리빙스턴에서 출발한 버스는 M10 도로를 따라 서쪽으로 달렸다. 서부주(Western Province)에 들어섰을 때 도착한 음완디(Mwandi) 마을. 큰 나무 그늘에서 상인들이 아침부터 손님 맞을 준비에 나섰다.

세쉐케, *서부주*

버스는 음완디를 지나 세쉐케(Sesheke)에 정차했다. 이곳은 나미비아 국경도시인 카티마물릴로(Katima Mulilo)와 접한 교통의 요지다. 세쉐케를 지나면서 2004년에 완공한 카티마물릴로 다리를 건넜다. 그리고 잠베지강을 따라 북서쪽으로 계속 달렸다.

■ 잠베지강

숨이 확 트인다. 시오마를 거쳐 세낭가로 가는 동안 푸른 잠베지강(Zambezi R.)에서 눈을 뗄 수 없었다. 9월 건기였지만 물길을 가득 채운 잠베지강은 남부 아프리카 최대의 강다웠다. 강가를 달리는 버스의 창가에 앉아 그 웅장한 모습을 지켜보니 몇 시간이 지겹지 않았다. 강의 이름으로 '잠비아'라는 국명을 정한 사람들의 마음을 이해한다는 듯이 나는 고개를 끄덕였다.

잠베지강, 오렌지강, 오카방고강, 림포포강은 남적도 분수령 이남(콩고 분지 이남)의 하계(River System)를 주도한다. 이들 강의 유역분지는 최소 3개국에 걸쳐 있고, 남부 아프리카 내륙 대부분을 차지한다. 그중 잠베지강의 물길이 가장 길고, 유역면적(1,385,300km²)도 가장 넓다. 잠베지강은 일반적으로 3개 지역으로 구분된다. 발원지에서 빅토리아 폭포까지가 상류, 폭포를 지나 모잠비크 카오라바사(Cahora Bassa) 협곡까지가 중류, 그 이후부터 하구까지가 하류다. 유랑의 경로는 폭포에서 발원지로 올라가기에, 이제부터는 잠베지강 상류 지역이다.

잠비아 남부는 물론 남부 아프리카 내륙지역의 수문학적 특징은 강수의 계절적 변동이 크고 수자원의 공간적 분포가 고르지 않다는 점이다. 그래서 건기에도 마르지 않는 잠베지강 상류는 주변 지역에게 빛과 소금 같은 존재다. 자연스럽게 이 강줄기를 따라 과거부터 다양한 동식물과 인간이 살아왔다.

세낭가의 잠베지강 _Zambezi River of Senanga

세낭가의 잠베지강, 서부주

웅장한 잠베지강의 여운이 채 가시기도 전에, 사람들 곁에서 살아 숨 쉬는 평온한 잠베지강과
마주했다. 잔잔한 강줄기 위에는 로지(Lozi) 사람들이 살고 있었다.

M10 도로, *서부주 세냥가*

■ 세냥가

잠베지강 중상류에는 거대한 범람원이 있다. 힘차게 흐르던 강이 넓은 들판을 만나면서 만든 바로체 범람원(잠베지 범람원)이다. 이 범람원과 그 주변의 제방 또는 언덕에는 크고 작은 마을이 많다. 세냥가는 그 범람원의 남부에 있는 큰 마을이다. 남부주의 리빙스턴에서 출발한 나의 유랑 경로에서 보면, 세냥가는 바로체 범람원의 관문이었다.

리빙스턴에서 출발한 버스는 정오가 지나서야 세낭가에 도착했다. 처음엔 이런 작은 마을에 뭐가 있을까 싶었다. 하지만 시장 규모는 생각보다 컸다. 대부분의 생필품이 눈에 띄었다. 청년들은 나란히 앉아 비슷한 모양과 맛의 빵을 팔고 있었고, 소년들은 시장 구석의 한 비디오 상점에 옹기종기 앉아 화면을 보고 있었다.

잠베지강. *서부주 세낭가구(Senanga District)*

세낭가 타운에서 범람원으로 강을 건너가는 긴 나무배가 있다. 단돈 2콰차, 300원이 안 된다. 배를 타고 건너 사람들이 많이 가는 길을 따라 걸었다.

잠베지강 범람원의 풍경. *서부주 세낭가구*

마을이 있다 해서 한참을 걸어가 보지만, 마을은 나오지 않고 해는 진다. 다들 무언가를 들고 집으로 돌아가는 길이다.

잠베지강 범람원의 풍경, *서부주 세낭가구*

우기 때는 물이 넘쳐흐르고 건기 때는 물이 마르는 습지와도 같은 곳, 바로체 범람원. 사람들이 살아가는 모습이 궁금해진다. 자전거 탄 청년들을 통해 그들이 활동하는 공간의 넓이를 유추해 본다.

잠베지강 범람원의 풍경, *서부주 세낭가구*

잠베지강의 주 범람원의 넓이는 5,500km² 정도지만, 지류들의 범람원까지 합하면 최대 10,000km²가 넘는다고 한다. 경기도 면적(약 10,170km²)과 비슷하다. 그 드넓은 범람원 구석 구석에 자리 잡고 살아가는 로지족. 보면 볼수록 신기했다.

세낭가에서 몽구로 가는 M10 도로 인근, *서부주*

■ 몽구 가는 길

우기가 되면 범람원에는 물이 흐르지만, 범람원 밖의 높은 지대에는 그렇지 않다. 조금이나마 물의 영향에서 벗어난 길가에는 꽤 많은 집이 서 있었다. 지붕은 장초로 만들었다. 장초는 건기와 우기가 뚜렷하게 구분되는 열대사바나 지역의 산물이다. 또 나무를 뼈대 삼아 강 주변의 토양으로 벽을 쌓았다. 한낮에는 그늘 밑에서 생활하는 사람들이 많다. 바닥을 뒹굴며 노는 아이들과 일을 하는 어른들이 그늘

에 모여 있다. 보면 볼수록 정이 가는 모습이다.

　버스도 정겹다. 큰 버스들은 마을과 도시의 중심에서 정차할 뿐이지만, 작은 버스들은 승객들을 그들 집 근처에 내려준다. 혹시나 길가로 아이들이 마중 나오면 미니버스 기사는 그 앞에 세워 준다. 또한 미니버스의 잔여석이 있으면 길가에 서서 차를 기다리는 사람들 앞에 선다. 마중 나온 아이들과 예비 승객이 서 있는 곳이 곧 정류장이다.

바로체 범람원 _ Barotse Floodplain

바로체 범람원, *서부주 몽구*

잠베지강과 그 강의 범람원은 감동의 연속이었다. 세낭가에 이어 몽구에서도 그 설렘이 멈추지 않는다. 이곳은 바로체 또는 잠베지 범람원이라고 불리는 자연의 걸작이다. 다만 이 걸작을 가로지르는 저 긴 도로는 인간의 걸작이라고 할 것인가.

■ 몽구

몽구(Mongu)는 바로체 범람원 동쪽의 높은 모래언덕 위에 있다. 과거 바로체랜드(Barotseland)의 중심지였고, 현재는 서부주(Western Province)의 주도다. 또한 잠베지강의 범람원과 로지 사람들을 보러 오는 여행자들의 관문이다. 도착하자마자 저렴한 숙소를 찾아 헤매는데 쉽지 않다. 한 지도에서 찾은 몽구롯지(Mongu Lodge)라는 곳에 희망을 품고 들어갔다. 정부에서 운영한다는 이 롯지의 마당에서 텐트를 치고 잘 수 있다고 한다. 기뻤다. 그런데 롯지 매니저가 이틀간 캠핑 가격으로 싱글룸을 내주었다. 아프리카 숙소에서 받은 최고의 호의였다.

몽구는 이 지역에서 가장 큰 도시지만 가 볼 만한 곳은 따로 있다. 바로 리뮬룬가와 레루이라는 작은 마을이다. 이 두 마을에 관심을 갖게 된 것은 바로체 범람원에서 살아가는 로지 사람들 때문이다. 우기가 되면 범람하는 습지와 같은 땅에서 살아가는 이들이 있다고 하니 호기심이 발동했다. 그들이 가꿔 온 전통적인 생활상이 궁금했고, 다른 지역과는 다른 그들만의 독특한 문화가 있으리라고 확신했다. 이것이 잠비아에서 말라위로 가는 빠른 경로에서 벗어나 굳이 멀리 떨어진 서부주의 땅을 찾아갔던 이유다.

몽구항, *서부주*

가장 먼저 간 곳은 몽구 서쪽, 범람원 옆의 항구다. 주거환경은 좋지 않지만, 큰 시장이 열린다. 주변 농산물들의 집산지로 도매 거래가 이루어지며, 루트위(Lutwi)나 칼라보(Kalabo) 등 범람 원 건너편의 마을로 가는 대중교통의 출발점이다.

몽구 버스 터미널 인근, *서부주*

몽구는 바로체 범람원 중에서도 잠베지강의 홍수 피해에서 벗어날 수 있는 높은 지대에 위치한 다. 지역의 중심지로 자리매김해 온 이유다. 한편으로 남쪽의 세낭가와 리빙스턴, 동쪽의 루사 카, 북서쪽의 크고 작은 마을을 연결하는 교통의 요지다.

221

■ 로지 사람들 _ 리뮬룬가와 레루이

　로지(Lozi) 사람들은 과거 바로체랜드의 주요 부족으로 반투 계열의 언어를 쓴다. 인상 깊은 점은 이 부족 내에 아직 왕(King)이 존재한다는 사실이다. 이와 관련된 일화가 있다. 레루이의 한 건물 앞에서 카메라를 들고 서성이다 경비원에게 지적받았다. 왕의 집은 사진을 찍을 수 없다는 이유에서다. 이전까지는 로지족의 왕이 상징적인 존재라고 예상했다. 그러나 현지에서 느낀 왕의 영향력은 상상 이상이었다. 심지어 현지인들은 왕이 자주 걷는 길을 피해 걷는다고 했다.

　지리학에서 자연과 인간의 상호작용은 주요 연구 주제 중 하나다. 내가 로지족에 주목했던 이유도 이들의 문화가 '자연과 인간의 상호작용'을 보여 주는 대표적인 사례라고 생각했기 때문이다. 그 문화의 주체는 명확하게 구별되는 건기와 우기에 적응한, 범람원상의 로지족이다. 이들은 홍수에 대비해 언덕을 만들거나 운하를 건설하고, 시기적절하게 농축산업 또는 어업에 종사했다.

　왕의 거주지가 건기와 우기에 따라 다르다는 것은 상호작용의 결정적인 증거였다. 건기에는 왕이 범람원의 한가운데 있는 레루이라는 마을에서 살지만, 우기에는 범람원보다 높은 지대의 큰 마을 리뮬룬가에서 산다. 우기가 되어 왕이 레루이에서 리뮬룬가로 이동하는 쿠옴보카(Kuomboka) 행사는 이 지역의 가장 중요한 의례다. 쿠옴보카란 로지어로 'to get out of water(물에서 나가다)'라는 뜻이다.

■ 리뮬룬가

　몽구에서 쉐어택시를 타고 리뮬룬가(Limulunga)로 향했다. 그곳에 있는 나유마(Nayuma) 박물관은 로지족과 이 지역에 관한 역사문화를 소개하고 있었다. 많은 기록과 유물은 그 역사를 증명한다. 박물관 옆에는 권력을 상징하는 코끼리가 그려진 왕의 집이 있다. 그 옆길을 따라 범람원으로 걸어가다가 문득 뒤를 돌아보았다. 아이들이 수영하는 저 넓은 물길은 쿠옴보카 행사 시 배가 들어오는 곳이다.

레루이 전경, *서부주*

■ 레루이

리뮬룬가는 범람원 옆, 높은 모래언덕에 있는 평범한 마을처럼 보이지만 레루이 (Lealui)는 그 느낌이 달랐다. 고립된 섬과 같았다. 아니, 그랬을 것으로 추측해 볼 뿐이다. 우기 때는 섬과 같고 건기 때는 언덕과 같았으리라고. 최근 중국 회사가 몽구–칼라보를 잇는 도로를 놓아 범람원의 양쪽 끝을 연결했다. 광대한 바로체 범람원을 횡단하는 이 도로는 우기 때의 수위와 물길을 고려해 만들어졌다. 위의 사진에서 왼쪽이 주도로고, 오른쪽 길이 주도로에서 레루이로 가지처럼 뻗어 나가는 도로다. 대중교통을 기다리는 정류장 앞에서 보니 마치 도로에 둘러싸인 마을처럼 보인다.

2013년 론리플래닛 남부 아프리카 편을 보면, 하루 한두 번 있는 긴 배를 타고 레루이로 가야 한다고 나와 있다. 아직 그 배가 남아 있을지, 한번 타 볼 수 있을지 기대를 했지만 아쉽게도 그런 시대는 이미 끝나 버렸다.

생각했던 것보다 너무 편하게 그리고 빠르게 도착한 레루이. 마을 입구에 서서 한참을 생각했다. 모든 곳이 이렇게 변하지는 않으면 좋겠다고. 한편으로는 '이렇게 변하면 그곳에 사는 사람들은 더 편하게 살겠지.'라는 추측이 머릿속을 혼란스럽게 만들었다. 이른 아침이었는데도 긴 풀로 세워진 좁은 골목길을 돌아다니자 아이들이 한둘씩 모여들면서 이내 동네가 시끄러워졌다.

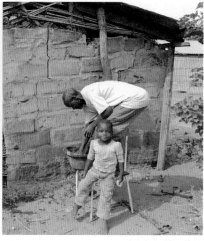

레루이의 가옥, *서부주*

한 아저씨께서 집을 보수하고 계셨다. 집 안도 소개해 주셨는데, 아들들은 재래식 화장실을 파고 있었고 아주머니는 식사를 준비하고 계셨다. 아침부터 찾아온 귀찮은 손님이었을 나에게 끝까지 다정하게 대해 주셨다.

마을 한가운데에는 시장이 있다. 이른 시간이라 그런지 문을 연 가게가 많지 않았다. 아침밥으로 빵을 하나 사먹는데 원숭이들이 몰려왔다. 갑자기 달려들까 봐 가게 안으로 들어갔는데 원숭이가 따라 들어왔다. 결국 주인이 나서서 원숭이를 내쫓았다. 안으로 도망가는 내 모습에 마을 사람들이 웃는다.

레루이 시장, *서부주*

레루이의 풍경, *서부주*

학교 운동장에는 아이들이 아침부터 물을 뜨고 있었다. 나를 지켜보던 선생님 한 분이 밖으로 나오더니 학교에 관해 설명해 준다. 이 지역의 유일한 교육시설이며, 550명 정도의 학생이 공부하고 있단다.

레루이의 풍경, *서부주*

마을 인근 범람원에서 벽돌을 만드는 청년들을 만났다. 모래와 시멘트를 섞어서 만드는데 벽돌 하나의 가격이 200원 정도 한다고 말했다. 그리고는 가격을 몇 번 더 바꿨다. 아마 내가 가격을 흥정하는 건축업자라고 판단했기 때문일 것이다.

우기 때 물이 흘렀던 길에는 물웅덩이가 드문드문 보였다. 흐르지 않아 검게 변한 웅덩이에서, 마을 청년들은 물고기를 잡고 있었다. 너무 작은 물고기들은 다시 놓아준다. 이 물고기들은 몇 달간 이어지는 건기에 현지인들의 귀중한 식량자원이다.

마을 여기저기를 돌아다니는데 골목부터 나를 따라다니던 어린아이들이 있었다. 처음에는 한두 명의 아이가 나무나 담벼락 뒤에 숨어서 몰래 따라오더니 나중에는 무리를 지어 같이 걸었다. 결국 마을을 떠날 때에야 인사를 했던 밝은 아이들이다.

몽구에서 카오마로 가는 M9 도로, *서부주*

잠베지강을 떠나는 아쉬움은 말로 다 할 수 없을 정도였다. 지금까지의 유랑 중 가장 아쉬운 이별이었다. 이 지역에 관한 관심은 깊은 애정으로 남았다. 지리학 답사를 하며 이렇게 빠졌던 곳이 몇이나 되던가.

D301 도로, *서부주 카오마*

몽구와 루사카를 연결하는 M9 도로 중간에는 카오마(Kaoma)라는 도시가 있다. 이 도시 주변에는 아열대기후 속에서 만들어진 넓은 초원과 산림이 펼쳐지는데, 이곳에서 6세기부터 반투 계열의 부족이 정착해 살았다고 한다.

카퓨 국립공원 입구, 중부주(Central Province)

그 초원과 산림의 아름다움은 카퓨 국립공원(Kafue NP)에서 절정을 이룬다. M9 도로는 국립공원을 관통하기 때문에 모든 차량은 공원 입구 앞에서 일단정지를 하고 경찰에게 보고해야 한다. 그 짧은 시간에 인근 마을에서 온 상인들이 음식을 판다.

M9 도로가 관통하는 카퓨 국립공원, 중부주

잠비아 최대 규모의 국립공원을 지날 때 운 좋게 코끼리 무리와 마주쳤다. 그들의 등장에 신기해한 사람은 나 혼자만이 아니었다. 현지인들도 핸드폰 카메라를 내밀었다. 국립공원으로 지정된 이후 야생 동물 보기가 어려워졌기 때문일 것이다.

루사카 시장 _Lusaka Market

루사카 도심 남쪽의 시장, 루사카주(Lusaka Province)

도시에 도착하면 나는 언제나 사람들이 북적이는 시장 혹은 터미널을 먼저 찾는다. 혼잡함 속에서 현지인들의 삶을 체감할 수 있기 때문이다. 이곳은 잠비아의 수도에 있는 한 노천 시장이다.

만다힐(Manda Hill) 쇼핑몰 인근의 만친치(Manchinchi) 도로와 T4 도로, 루사카

■ 잠비아의 수도 루사카

루사카(Lusaka)는 국토의 중앙부 약 1,300m 고원에 있는 잠비아의 수도다. 20세기 초반부터 식민도시로 성장해 왔다. 약 175만 명(2010년 기준)의 인구가 모인 대도시로 행정과 교육의 중심지다. 도심에서 저렴한 캠핑장을 찾은 덕분에 꽤 오래 그리고 편하게 머물렀다. 그만큼 추억도 많다.

루사카에 도착한 당일 산책했던 기억이 아직 선명하다. 몽구에서 이른 새벽 출발한 버스는 늦은 오후가 되어서야 루사카에 도착했다. 복잡하고 정신없는 터미널에서 걸어 나와 생각해 둔 백패커스로 걸어갔다. 하지만 하룻치 숙박에 10달러가 넘는 예상치 못한 고가에 결국 발길을 돌려 캠핑장을 찾아 나섰다. 지친 몸을 이끌고 찾아간 숙소는 'Wanderers Hostel and Campsite'라는 곳이었다. 생각보다 저렴하고 무엇보다 푸른 잔디밭이 마음에 들었다.

해는 졌지만 먹을 것이 아무것도 없었다. 아침부터 제대로 먹지 못해서 결국 어둠을 헤치고 대형마트를 찾아갔다. 숙소부터 마트까지는 약 1.7km였다. 택시도 위험할 수 있다는 생각에 가로등 없는 길가를 열심히 걸었다. 장을 본 후 너무 배고파 쇼핑몰 벤치에 앉아 빵을 하나 먹었다. 배가 좀 차고 나니 갑자기 두려움이 엄습했다. 최대한 빠른 속도로 숙소로 돌아가는 길, 다행히 또는 당연히 아무 일이 없었다. 숙소에 들어와 먹는 저녁 식사가 꿀맛이었다.

■ 카메라 수리

다음 추억은 디지털카메라를 수리한 이야기다. 레루이에서 실수로 디지털카메라를 떨어뜨렸고, 렌즈가 고장 나서 쓸 수가 없게 되었다. 여분의 디지털카메라가 있었지만, 고장 난 카메라의 성능이 훨씬 좋았다. 그래서 수리점을 찾았지만 불행히도 가장 가까운 공식 대리점은 남아프리카공화국에 있었다. 결국 루사카에서 수리 전문가를 찾아 나섰다.

숙소 직원의 소개로 가 본 곳은 한 고층 건물이었다. 그곳의 전자기기 수리공이 카메라를 보더니 못 고친다고 했다. 그 건물의 안내 직원이 다른 건물을 알려주었다. 그러나 새롭게 찾아간 곳에서도 고칠 수 없었다. 이어서 한 사진관을 안내받아 갔으나 이번에는 카메라 잘 고치는 사람은 따로 있다며 시장 옆의 한 상가 건물을 알려준다. 그곳에서 비로소 모든 종류의 카메라를 다루는, 루사카에서 거의 유일한 카메라 전문가를 찾았다.

고층 건물, 시장, 상가 등 여러 경로를 거쳐야 했지만 다들 적극적으로 도와주었기 때문일까. 카메라를 고쳤을 때는 눈물이 날 정도로 고마웠다.

루사카 도심

카피리음포시(Kapiri Mposhi)로 가는 T2 도로, 중부주

루사카에서 은돌라로 가는 길. 아무리 외진 곳이라도 버스가 정차하는 곳엔 어김없이 상인들이
나타나 창문을 향해 갖가지 상품들을 내밀었다.

카피리음포시 버스 터미널, 중부주

큰 도시나 큰 마을에 정차할 땐 더 많은 상인이 버스로 몰려왔다. 눈을 마주치면 부담스러울 만
큼 적극적으로 호객 행위를 한다. 이들은 처음에 버스를 에워싸다가 틈을 타 버스 위로 올라오
기도 했다.

234

버스로 몰려오는 사람들을 보면 가난하기 때문이란 생각도 들었다. 하지만 버스에 다가오지 않는 이들을 자세히 보고 계속 생각하다 보면, 분명 가난과 다른 무언가가 떠오르기도 했다.

그 무언가는 행복이 될 수도 있고 가족이 될 수도 있다. 친구와의 우정이 될 수도 있고 연인과의 사랑이 될 수도 있다. 분명 웃는 사람들이 그늘에 셀 수 없이 많았다.

■ 코퍼벨트

수능을 위한 세계지리 공부는 암기가 많다. 학생들에게 온갖 종류의 '세계 1위'를 외우게 한다. 제대로 된 사진과 지도 한 장 없이 말이다. 어떤 나라가 커피를 많이 생산하는지, 어떤 나라가 주요 산유국인지 국명과 그 배경을 암기하면 그만이다. 그런데 나는 그런 정보의 현장(site)이 많이 궁금했다. 그래서 틈날 때마다 인터넷에서 자료를 찾아보곤 했다. 이 때문에 내게 지리는 암기도 공부도 아니었다. 끊임없는 상상의 문이었다.

그중 시험에 자주 등장하던 코퍼벨트(Copper Belt)는 곧잘 상상했던 지역 중 하나였다. 비록 촉박한 일정은 말라위로 얼른 가라며 나를 재촉했지만, 코퍼벨트를 가겠다는 열망을 이기지는 못했다. 코퍼벨트는 잠비아와 콩고민주공화국에 있는 세계적인 구리 매장 지역으로 그 양만 7억 톤이 넘는다. 그 자원을 활용해 산업이 발달한 코퍼벨트에는 큰 도시들이 일찍부터 자리 잡았다. 잠비아에서 인구 규모를 기준으로 키트웨는 두 번째, 은돌라는 네 번째로 큰 도시다. 그 도시들을 연결하는 T3 도로엔 끊임없이 화물차가 오갔고 길가에는 광공업 현장들이 보였다. 이와 함께 도시에 북적이는 수많은 사람은 코퍼벨트의 산업 규모를 실감하게 했다. 과연 코퍼벨트는 잠비아 경제 역사의 기둥이었다.

은돌라 침웸웨로드(Chimwemwe Road), 코퍼벨트주

■ 은돌라

은돌라(Ndola)는 코퍼벨트의 관문과도 같은 도시다. 루사카에서 가장 가까운 코퍼벨트 도시이며 코퍼벨트주(Copperbelt Province)의 주도다. 또한 빅토리아 폭포(모시오아툰야 폭포)가 있는 리빙스턴과 함께 잠비아의 오래된 식민 도시이기도 하다.

이 지역은 관광지가 아니다. 공장, 광산, 노동자의 삶 등이 관광자원이 될 수 있지만 코퍼벨트 박물관을 제외하면 관광시설은 거의 없다. 반대로 기업인을 위한 값비싼 숙소가 많다. 롯지와 호텔이 많은데 40달러를 웃돈다. 다섯 곳이 넘는 숙소를 돌아다녔지만 저렴한 숙소를 찾지 못했다. 작은 게스트하우스의 주인이었던 인도계 사람과 협상한 끝에 겨우 20달러에 잘 수 있었다. 그 주인이 할인해 준 이유는 단 하나였다. 나는 사업가가 아닌 학생이었기 때문이다.

칭골라 은창가 광산(Nchanga Mines) 인근의 줌베로드(Jumbe Road), 코퍼벨트주

■ 칭골라

　　세계에서 두 번째로 큰 노천 광산으로 유명한 칭골라(Chingola)는 잘 정돈된 도시처럼 보였다. 좁은 터미널과 시장을 벗어나 격자형의 도심을 가르는 깔끔한 도로 인디펜던스애비뉴(Independence Avenue)를 따라 북쪽으로 걸었다. 도심 옆 큰 공업지역 인근에는 노동자들이 모여 사는 곳이 있었다. 위 사진 오른쪽의 주거지역에는 좁은 골목길만 남겨 둔 채 많은 집이 다닥다닥 붙어 있었다.

　　칭골라에서 받은 호의와 관심은 확실히 남달랐다. 시장과 터미널에서 마주친 사람들은 친절하게 화장실 문 앞까지 데려다주는가 하면, 가까운 거리는 버스비도 받지 않았다. 상인들과 대화를 할 때면 바가지를 씌우려는 듯 보이는 도시 사람들의 흔한 눈빛이 아닌 도와주고 싶다는 눈빛이 느껴졌다. 마치 외국인의 방문을 반기는 것 같았다.

키트웨의 도시광장, 코퍼벨트주

■ 키트웨

키트웨(Kitwe)는 50만 명이 넘는 인구를 가진 대도시다. 터미널에는 버스, 시장에는 상인들이 넘쳐났다. 도심에 있는 도시광장(City Square)에는 신문을 보거나 담화를 나누는 어른들도 많았다. 분주함과 차분함이 공존하고 서구화와 지역화가 섞여 있다. 일반적인 지방 도시에서 쉽게 보기 힘든 풍경으로 경제도시다웠다.

이렇게 3개 도시를 둘러보았다. 공장과 광산, 그 사이를 오가는 찻길이 차지하는 면적은 넓었지만, 주거지와 골목길이 차지하는 면적은 비교적 좁았다. 정장을 입은 사업가부터 낡은 옷을 입은 노동자까지 사회 계층의 폭도 넓었다. 모두 웃지만은 않았지만, 울지만도 않았다. 길 위의 한 사람이 흥얼거린다. 노래가 좋아 제목을 물으니 모른다며 그저 웃는다. 길에서 마주친 또 다른 사람은 춤을 춘다. 옆의 친구가 날 보더니 웃으며 말한다. 아침부터 이 친구 신이 났단다.

히어로즈(Heroes) 국립 경기장 인근, 루사카로 가는 T2 도로

■ 다시 루사카 _시장과 터미널

코퍼벨트에서 말라위로 바로 가고 싶었으나 지리적 한계에 부딪혔다. 긴 급경사면인 무칭가 에스카프먼트(Muchinga Escarpment)와 그 경사면과 나란한 루앙와 계곡(Luangwa Valley)이 코퍼벨트와 말라위 사이를 가로막고 있기 때문이다. 그래서 다시 루사카로 돌아왔다.

지난번 카메라 수리 전문가 찾기에 이어 이번에는 책 찾기에 나섰다. 나미비아 빈트후크 이후 큰 중고서점을 찾을 수 없었다. 보츠와나, 짐바브웨, 잠비아에서 큰 도시를 방문할 때마다 찾아다녔지만 쉽지 않았다. 루사카도 비슷했다. 길거리에서 파는 중고서적은 많았지만 마음에 드는 책은 없었다. 그런데 도심 한가운데 타운센터마켓(Town Centre Market)을 돌아다닐 때였다. 한 가게에서 책처럼 뭔가가 많이 꽂혀 있는 게 보였다. 혹시나 해서 들어가니 비디오 가게였다. 그런데 외국인 손님이 들어갔는데도 안에 있던 세 명의 청년은 TV만 뚫어져라 보고 있었다. 서점이 어디 있는지 아느냐고 물어봐도 대답도 제대로 하지 않는다. 그때 들리는 익숙한 소리, 한국어다. TV를 보니 좀비들 수십 명이 기차를 붙잡은 채 끌려가고 있다. 영화 〈부산행〉을 그렇게 열심히 보고 있었다. 소리쳤다. "Oh my country, Korea!" 그제야 나를 본다. 빠르게 서점 위치를 알려주고는 다시 영화를 본다. 그렇게 찾아간 서점에서 먼지가 쌓인 귀한 책을 하나 샀다. 1982년 출판된 『African History in

Maps』라는 아프리카 역사지리학 책이었다.

　루사카는 떠나고 싶어도 완전히 떠날 때까지는 벗어날 수 없는 곳이었다. 버스 운영 시스템 때문이다. 루사카인터시티 터미널(Lusaka Inter-City Bus Terminus)에서는 여러 버스 회사가 만석이 되면 출발하는 방식으로 운영되고 있다. 운이 좋으면 바로 출발할 수 있으나, 운이 나쁘면 4시간 이상을 기다려야 한다. 코퍼벨트를 갈 때도 8시 30분에 출발한다는 버스가 12시가 지나도록 출발하지 않아 일정을 다음 날로 미룬 바 있다. 많은 회사가 같은 노선을 운영하는데, 서로 자신의 버스에 오르라고만 할 뿐 어떤 버스가 가장 먼저 출발할지는 아무도 모르는 것이다. 그래서 버스에 오르기 전에 주변의 여러 버스를 비교해서 어느 버스가 가장 먼저 출발할지를 가늠해 봐야 한다.

　말라위 국경에 인접한 치파타로 가는 버스도 마찬가지였다. 몇 개의 버스를 둘러본 후에 한 버스에 올랐다. 8시면 출발한다던 버스에는 11시가 되도록 사람이 반 정도밖에 차지 않았다. 운이 따르지 않았던 탓이다. 시간 약속을 분명히 했던 버스 직원에게 수차례 환불을 요구했지만 거절당하자 결국 목소리를 높였다. 그러자 직원은 막 출발하는 다른 회사 버스를 붙잡아 주었다. 하지만 만석이기에 탑승이 불가했다. 이번에는 저 멀리 주유를 하는 버스까지 달려가자고 했다. 마침 한 자리가 비어 있어 얼른 올라탔다. 그렇게 치파타로 가는 여정이 뒤늦게 시작되었다.

로우어잠베지 국립공원(Lower Zambezi National Park)의 북서쪽 경계가 루사카에서 치파타로 가는 T4 도로다. 그래서 사람의 손이 크게 닿지 않은 크고 작은 언덕을 넘고 넘으며 달렸다. 잠시 정차한 마을에는 주변 강에서 잡은 물고기를 파는 상인들이 많았다.

우려하던 상황이 되었다. 치파타 근처에 도착하기도 전에 해가 완전히 져버린 것이다. 마을을 지나갈 때면 저렇게 약한 불빛 안에서 당구를 치는 사람들이 보였다. 하지만 그렇지 않은 경우에는 완전한 암흑이었다.

■ 치파타의 밤

지금까지 루사카에서 아무 일이 없었던 것처럼, 잠비아에서의 마지막 밤도 안전할 거라 믿었다. 특히 사고는 항상 도시에서 또는 사람이 많은 곳에서 일어난다는 나만의 경험적 통계를 굳게 믿었다. 미리 정한 숙소의 위치를 기억해 두었기에 치파타로 들어서기 직전 외곽의 교차로에서 홀로 내렸다. 주위는 어두웠고 사람은 없었다. 숙소로 가는 언덕길을 보아 하니 가로등도 하나 없고 길은 제대로 보이지 않았다. 라이트를 켜면 더 위험하다는 케냐 친구의 말을 떠올리며 달빛에 의지해 겨우 걸어 올라갔다. 숙소의 문이 닫혀 있으면 어떻게 할까 따위의 생각은 하시 않았다. 어차피 대안은 없었다. 10분 정도 걸어갔을 것이다. 숙소로 보이는 문 앞에 섰다. 문이 굳게 닫혀 있었다. 경비원이 있으리라 기대하며 문을 조용히 두드렸다. 수군대는 소리가 들리더니 문을 열어 준다. 캠핑장에 발을 들여놓는 순간 마음이 너무 편해졌다. 텐트를 치고 샤워를 하니 그제야 담벼락 너머로 도시가 눈에 들어왔다. 산으로 둘러싸인 곳에 자리 잡은 도시는 별처럼 빛나고 있었다. 어둡지도 밝지도 않게 그저 별처럼 빛나고 있었다.

자주 겪으면 당연한 것들이 있다. 하지만 여행자인 나에게는 자주 겪는 야간 산책이 항상 떨리는 일이다. 두려울 때마다 생각한다. 내가 걷는 이 길은 다른 사람들이 이미 걸어 다녔기에 만들어진 길이다. 이 길은 우리 모두의 길이다.

치파타 _ Chipata

칸자라 언덕에서 본 치파타, 동부주

이른 아침, 일출을 보기 위해 칸자라 언덕(Kanjala Hill)의 정상으로 올라갔다. 송전탑 시설을 지키는 한 사람이 나무로 된 작은 공간에서 물을 끓이고 있다. 손님이 왔다는 듯 굳이 일어나서 웃으며 인사를 하더니 다시 식사를 준비한다.

말라위 국경과 인접한 치파타는 과거 노예무역이 이루어진 곳이다. 현재는 주위의 농산물들이 모이는 동부주(Eastern Province)의 주도로서 인구 45만 명이 넘는 큰 도시다. 칸자라 언덕에 올라 동쪽을 바라보면 국경을 이루는 산맥과 그 앞의 치파타가 보인다.

말라위

아름다운 사진이란 찰나의 순간을 담은 것이라 말한다.
그래서 그 순간을 위해 몇 시간씩, 며칠씩 기다린다고.

사람들이 나에게 왜 그렇게 사진을 많이 찍냐고 물었다.
속으로 답했다. 항상 아름다워서 계속 찍게 된다고,
사진이 아니라 지구를 사랑하는 것이라고 말이다.

말라위 개관

국명	Republic of Malawi (MWI)
수도	릴롱궤
면적(㎢)	118,484㎢ 세계 100위 (CIA)
인구(명)	18,570,321명 세계 62위 (2016 est, CIA)
인구밀도	156.7명/㎢ (2016 est, CIA)
명목GDP	55억$ 세계 146위 (2016, IMF)
1인당 명목GDP	294$ 세계 185위 (2016, IMF)
지니계수	46.12 (2010 est, World Bank)
인간개발지수	0.476 세계 170위 (2015, UNDP)
IHDI	0.328 (2015, UNDP)
부패인식지수	31 세계 120위 (2016, TI)
언어	영어, 치체와어

　말라위는 잠비아와 비슷한 더운 여름을 보이는 온대동계건조기후(Cwa)에 속한다. 연 강수량은 지역에 따라 차이가 큰데, 적은 곳은 800mm가 안 되며 말라위 호수 주변과 일부 산지는 1,400mm가 넘는다. 강수량 대부분은 우기(11월~4월)에 집중되고 건기에는 건조하다.

　말라위의 지형경관은 동아프리카 지구대가 주도한다. 남북으로 뻗어 나가는 이 지구대는 단층작용으로 낮아진 땅인 '지구'와 높아진 땅인 '지루'를 포함한다. 지구에는 말라위 호수가, 지루에는 말라위 육지가 자리한다. 말라위 호수는 국토 면적의 약 20%를 차지할 만큼 넓고 말라위 생태계에 절대적인 영향을 끼친다. 호수를 제외한 지역에는 산지와 고원이 많다.

탄자니아

카롱가
M1

니카
고원

콘도웨

니카
국립공원

북부주

M1

음주주

음짐바

은카타베이

비피야고원

말라위 호수

젠다

모
잠
비
크

은코타코타
야생 보호구역

M1

카숭구

M18

은코타코타

잠비아

중부주

M5

음친지

센가베이

살리마

M12

릴롱궤

말라위
호수
국립공원

케이프맥클리어

M1

몽키베이

데드자

M10

망고치

M1

M3

리원데
국립공원

리원데

모잠비크

좀바고원

칠와 호수

좀바

시레
고원

남부주

블랜타이어

여행 경로 개관

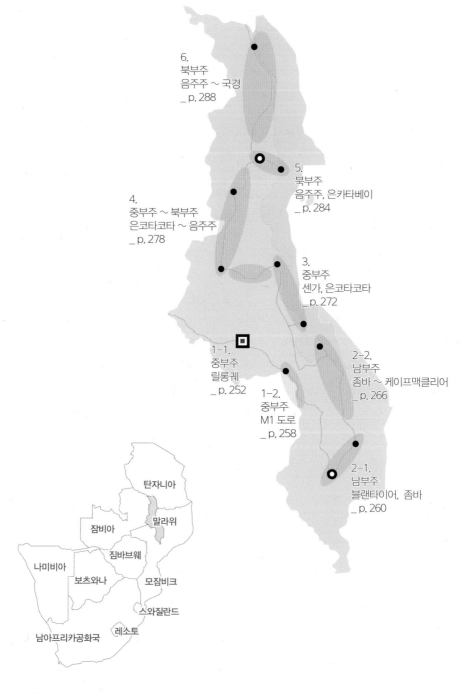

6.
북부주
음주주 ~ 국경
_ p. 288

5.
북부주
음주주, 은카타베이
_ p. 284

4.
중부주 ~ 북부주
은코타코타 ~ 음주주
_ p. 278

3.
중부주
센가, 은코타코타
_ p. 272

1-1.
중부주
릴롱궤
_ p. 252

2-2.
남부주
좀바 ~ 케이프맥클리어
_ p. 266

1-2.
중부주
M1 도로
_ p. 258

2-1.
남부주
블랜타이어, 좀바
_ p. 260

탄자니아

잠비아

말라위

짐바브웨

나미비아

보츠와나

모잠비크

스와질란드

레소토

남아프리카공화국

1. 중부주 _ 릴롱궤, M1 도로

음친지로 들어와서 바로 말라위의 수도, 릴롱궤로 갔다. 이곳에서 신도심과 구도심의 극명한 차이와 도심 하천을 살펴보았다. 릴롱웨에서 데드자를 거쳐 블랜타이어로 가는 M1 도로는 말라위에서 가장 기억에 남는 경로 중 하나다. 모잠비크와 말라위 국경을 달리는 M1 도로 양옆으로 아름다운 경관이 펼쳐졌다.

2. 남부주 _ 블랜타이어 ~ 좀바(고원) ~ 케이프맥클리어(말라위 호수)

말라위는 면적으로 볼 때, 3차 유랑으로 다녀왔던 7개 국가 중에 면적이 가장 작다. 그런데도 많은 시간을 보낸 이유는 릴롱궤에서 탄자니아로 바로 북향하지 않고 남부주로 둘러 갔기 때문이다. 말라위의 실질적인 경제수도로 역할을 담당해 왔던 블랜타이어, 평원 위에 솟아오른 독특한 좀바고원을 놓칠 수 없었다. 또한 세계유산으로 지정된 말라위 호수 국립공원도 남부주에 위치한다.

3. 중부주 _ 센가, 은코타코타

국립공원 지역을 갔다고 해서 바로 탄자니아로 달릴 수는 없었다. 너무 아름다운 말라위 호수는 그 명성만큼이나 다양한 모습을 지니고 있었다. 그래서 케이프맥클리어에 이어 센가베이, 은코타코타를 찾아갔고 호숫가 캠핑장에 텐트를 쳤다.

4. 중부주 ~ 북부주(M18 도로 ~ M1 도로) _ 은코타코타 ~ 카숭구 ~ 음짐바 ~ 음주주

말라위 호수 서쪽의 땅도 궁금했다. 그래서 호숫가를 따라 달리는 도로가 아닌 M18 도로를 선택하여 은코타코타 야생보호구역을 지나쳐서 카숭구로 갔다. 이곳에서 M1 도로를 타고 음주주로 향했다. 특히 음짐바와 음주주 사이의 화강암돔 지형과 목재 산업 지역도 놓치지 않았다. 음짐바에서 음주주로 가는 길은 릴롱궤에서 블랜타이어로 향했을 때만큼 아름다웠다.

5. 북부주 _ 음주주, 은카타베이

이쯤이면 말라위 호수에 대한 미련은 없을 것 같았지만 은카타베이 역시 지나칠 수 없었다. 음주주에서 2~3시간 걸려 당일로 은카타베이를 다녀왔다. 관상의 절리를 따라 풍화가 진행 중인 퇴적층의 지질경관이 은타카베이 호숫가의 경치를 더했다.

6. 북부주(M1 도로) _ 음주주 ~ 콘도웨 ~ 카롱가 ~ 국경

음주주에서 출발한 버스는 리빙스토니아 단층애를 넘어갔다. 그때 콘도웨 직전의 높은 고개에서 내려다본 말라위 호수는 거대한 보석 같았다. 카롱가를 지나면서 마주친 대규모의 논은 연 강수량이 많은 지역임을 말해 주었다.

릴롱궤 노천 시장 _ Lilongwe Open Air Market

릴롱궤 에어리어 2(Area 2)의 노천 시장, 중부주(Central Region)

어깨에 어깨를 맞댄 상인들이 거리 한복판에 중앙 분리대처럼 서서 옷을 팔고 있다. 쉽게 눈길을 주지 않는 사람들을 향해 적극적으로 물건을 홍보한다.

에어리어 3을 지나는 M1 도로, 릴롱궤

■ 말라위

말라위는 19세기 후반부터 1964년 독립까지 영국의 통치와 영향을 받았다. 또한 자연환경, 정치, 경제 등 다양한 이유에 의해 주변의 다른 국가보다 발전이 늦었다. 현재 세계에서 가장 가난한 나라 중 하나다. 그렇지만 말라위 호수의 아름다움이 여행자의 발길을 끌어당긴다. 그래서 정식으로 받는 비자비가 70~100달러 정도로 매우 비싸지만, 많은 배낭여행자들이 이 나라를 쉽게 지나치지 않는다.

에어리어 2의 버스 터미널, 릴롱궤

기념탑(Memorial Tower)에서 본 캐피탈힐, 릴롱궤

■ 말라위의 수도 릴롱궤

나의 말라위 여행은 잠비아의 국경 마을 음친지(Mchinji)에서 시작됐다. 그곳에서 곧장 릴롱궤로 이동했다. 1975년부터 신(新)수도가 된 도시다. 릴롱궤의 신도심은 철저한 계획에 따라 만들어진 듯 보였다. 특히 넓은 녹지공간에 행정기관이 모여 있는 캐피탈힐(Capital Hill)은 신도심의 경관을 주도했다. 그리고 구도심과 가까운 에어리어 4(Area 4)의 대형 쇼핑몰은 릴롱궤의 변화상을 보여 주었다.

에어리어 4의 시티몰(City Mall), 릴롱궤

■ 릴롱궤 구도심

복잡한 구도심은 깔끔한 신도심과 달리 사람들로 북적여 정신이 없었다. 그럴 때 내가 주로 하는 행동은 빠르게 그곳을 벗어나는 것이 아니라, 스스로 차분해질 때까지 길모퉁이에 가만히 서 있는 것이다. 혹시나 누가 와서 불필요한 말을 걸면 동요를 부르기도 한다. 릴롱궤 구도심의 시장과 터미널에서도 그랬다. 그렇게 정신을 가다듬고 나니, 종전까지 보이지 않던 새로운 모습이 시야에 들어왔다.

시장과 터미널의 사람들이 여기저기서 물동이를 이고 어디론가 향하고 있는 게

릴롱궤강, 릴롱궤

아닌가. 건기에 돈처럼 귀한 물을 어디서 가져오는 걸까? 궁금해서 한참을 따라가
본 결과 이들의 목적지를 알아냈다. 릴롱궤강(Lilongwe R.)이었다. 개울처럼 흐르
는 작은 도심 하천에서 물을 퍼 나르고, 빨래하고, 청소하고, 세차를 한다.

구도심의 한 노천 시장 근처에는 릴롱궤강을 건너는 나무다리가 놓여 있었다.
신기해서 다리를 걸어 보았는데 그 끝에 두 남자가 손을 내민다. 개인이 건설한 다
리여서 돈을 내야 했다.

■ M1 도로 _릴롱궤 ~ 블랜타이어

릴롱궤에서 블랜타이어로 이동하는 날, 이른 새벽부터 터미널로 향했다. 입구에는 버스 차장(콘덕터)들이 서로 자신의 버스를 타라며 아웅다웅 표를 팔고 있었다. 하지만 다른 버스 회사도 많다는 것을 알기에 그냥 지나쳤다. 터미널에는 블랜타이어로 향하는 버스 3대가 나란히 서 있었다. 그중 사람이 가장 많이 탄 버스에 올라 차장에게 물었다. 블랜타이어로 빨리 가야 하는데 어떤 버스가 '가장 빨리 출발할 확률이 높은지' 말이다. 차장은 이 버스도 1시간 내로 출발하니 타라고 했다.

하지만 한 시간이 지나도 사람이 다 차지 않았다. 혹시나 해서 터미널 뒤편으로 가 봤다. 그리고 곧 내 실수를 직감했다. 그곳에는 이미 사람으로 가득 차 출발을 앞둔 블랜타이어행 버스들이 있었다. 나는 곧장 되돌아가 환불을 요구했다. 그런데 그의 태도가 180도로 달라졌다. 절대로 불가능하다며 고개를 젓는다.

잠비아에서의 경험을 토대로 잘 살피고 돈을 내리라 다짐했는데 다시 똑같은 실수를 했다. 이후 네 시간이 지나도 사람이 차지 않았다. 몹시 화가 나 얼굴 표정이 나빠졌다. 그런 나를 봤는지 차장은 곧 내게 사과했다. 분하긴 했지만 분명한 건 그도 그간의 방식대로 장사했을 뿐이라는 거다. 주변 사람들은 그런 나와 차장을 보며 This is Africa, This is Malawi, 이게 아프리카이고 이게 말라위라는 말을 되풀이했다. '아프리카의 따뜻한 심장'이라는 말라위의 별명이 무색하게 느껴졌다.

결국 버스는 정오에 출발했다. 이대로라면 도착 예정 시간은 늦은 저녁이었다. 이에 잔뜩 찡그린 표정으로 창가에 앉았다. 그런데 그 표정이 30분, 1시간 이렇게 지나면서 풀리기 시작했다. 나도 모르는 새 심장도 두근거렸다. 말라위의 아름다운 땅에 압도되었기 때문이다.

그렇게 한 시간가량 창가에서 밖을 내다보며 사진을 찍었더니, 이젠 버스의 전면 유리창 앞에 앉아 말라위를 제대로 보고 싶다는 생각이 들었다. 나는 통로까지 빼곡히 서 있는 사람들을 헤치고 힘겹게 버스 문 쪽으로 가 차장에게 말했다. 서서 가도 좋으니 전면 유리창 앞에 있게 해 달라고 말이다. 처음에는 안 된다고 하더니 오전 일이 미안했던지 알겠다고 한다. 그리고 전면 유리창 앞에 있던 사람에게 내 자리에 앉으라고 말했다. 그때부터 진짜 말라위가 내 눈으로 들어왔다.

동시에 자연에 의해 마음이 치유됐다. 사실 오전에 화를 냈던 것은 나의 문제였

데드자에서 은체우로 가는 M1 도로, 중부주

다. 정시 출발에 익숙하고 사람들의 말을 곧이곧대로 들었던 나의 문제였다. 만석이 되어야 출발하고 한 좌석이라도 빨리 팔아야 하는 현지인들의 삶을 제대로 이해하지 못한 나의 불찰이었다. 갑자기 미안한 마음이 들어 가방에서 음식을 꺼내 차장과 나눠 먹었다.

릴롱궤와 블랜타이어를 연결하는 길은 M1 도로다. 이 길는 말라위에서 가장 중요한 도로로 북쪽의 탄자니아 국경에서 시작해 음주주(북부주의 주도), 릴롱궤(수도이자 중부주의 주도), 블랜타이어(남부주의 주도) 등 3대 대도시를 차례로 지나 최종적으로 모잠비크 국경 직전의 마르카(Marka)에 이른다.

내가 기사 자리 옆 작은 턱에 걸터앉은 직후 데드자(Dedza)에 도착했다. 여기서부디 은체우(Ntcheu) 근처까지는 모잠비크 국경과 나란히 달린다. 울타리가 전혀 없지만 위 사진에서 도로를 기준으로 왼쪽은 말라위, 오른쪽은 모잠비크다. 아래 사진은 한 고개를 넘을 때 길의 오른쪽 모잠비크를 담은 것이다.

블랜타이어 도심 빅토리아애비뉴(Victoria Avenue), *남부주(Southern Region)*

■ 블랜타이어

릴롱궤가 행정적 중심지라면 블랜타이어(Blantyre)는 경제적 중심지다. 수도가 릴롱궤로 이전하기 전에는 인구도 블랜타이어가 많았다. '블랜타이어'란 데이비드 리빙스턴의 스코틀랜드 고향 지명이다. 지명에서도 알 수 있듯이 유럽의 영향을 많이 받았던 도시다. 칠레카 도로(Chileka Road) 인근에 있는 화려한 '성 미카엘과 모든 천사들의 교회(St.Michael's and All Angels Church)'에서는 19세기 후반 스코틀랜드 교회의 선교 역사를 찾아볼 수 있다.

동남부 아프리카 지역에서 유럽의 영향으로 가장 먼저 성장한 도시가 블랜타이어라고 한다. 이를 증명하듯 도심에는 많은 은행과 기업 간판들이 있고 정장 차림의 사람들도 분주히 돌아다녔다. 한편 시장과 터미널은 도심의 바깥 경계에 위치한다. 출퇴근 시간에는 교외와 도심을 오가는 도로에 교통체증이 심했다.

성 미카엘과 모든 천사들의 교회

블랜타이어 시장

블랜타이어에서는 주거지역의 공간 분화를 통해 빈부 격차를 실감할 수 있었다. 카불라 언덕 (Kabula Hill)의 북서쪽 능선에 서면 그 차이는 더욱 극명해 보인다. 서쪽에는 고소득층의 주거지역인 나미와와(Namiwawa)가 내려다보인다.

반대로 동쪽에는 저소득층의 주거지역이 보인다. 확연히 다른 경관을 앞두고 머릿속에 복잡해 진다. 발길은 서쪽이 아닌 동쪽의 음바야니(Mbayani) 지역으로 향했다. 구불구불한 골목길 사이로 치열하게 살아가는 사람들의 삶이 보였다.

좀바 _ Zomba

엠퍼러뷰(Emperors View)에서 본 좀바, 남부주 좀바고원

좀바는 식민 시절부터 릴롱궤로 수도를 이전하기 전까지 수도였다. 이곳에 자리를 잡았던 유럽인들을 상상해 본다. 그들도 이 산에서 내려다보이는 광활한 대지에 매료되지 않았을까. 그리고 이 땅을 마음으로 가졌던 원주민이 부럽지는 않았을까.

■ 좀바고원

좀바에 도착하자마자 좀바고원으로 올라갔다. 오토바이를 타고 고원의 급사면을 따라 시원하게 달릴 때 보았던 풍경을 잊을 수 없다. 좀바고원은 약 1,800m의 고지다. 이 고지의 기반암은 땅속에서 올라온 용융 상태의 물질이 식어 형성된 화성암이다. 고원 주변의 낮은 지층보다 더 단단하여 동일한 풍화와 침식작용을 받고도 오래 남게 된 거대한 암체라고 볼 수 있다. 이 고원에는 아프리카 향나무, 소나무 등의 식생으로 가득한데 일부는 목재 생산을 위해 관리된다. 사람이 살지 않

좀바고원에서 좀바 도심으로 가는 길, 남부주

을 것 같은 이 산지에도 오래전부터 정착한 부족이 있다.

고원 입구의 물룽구지댐(Mulunguzi Dam)에서 한두 시간 걸어 전망대에 이르면 장관이 펼쳐진다(262쪽 사진). 끝없이 뻗어 나가는 말라위 남부의 시레고원(Shire Highlands)을 보면 심장이 뚫릴 것 같다. 지리적 입지가 좋아 과거부터 인구밀도가 높았던 고원이다. 좀바현, 블랜타이어현 등이 모두 이 지역이다. 시간이 오래 걸려도 내려갈 때만큼은 걷고 싶었다. 시레고원의 해가 지고 마을 곳곳에선 연기가 피어오른다. 아이들은 사진 찍는 외국인이 신기한지 신이 났다.

좀바에서 리원데로 가는 M3 도로에서 본 좀바고원, *남부주*

■ 케이프맥클리어 가는 길

내 텐트 옆에서 사륜구동 렌터카의 루프탑(천장형) 텐트에서 잠을 잤던 뉴질랜드, 스웨덴 커플과 아침 인사를 나눴다. 한국 DMZ가 흥미로웠다고 말하는 베테랑 여행자들이었다. 그들은 대중교통만을 고집하는 내 모습이 인상적이라고 했다.

버스에 오르기는 쉽지만, 때로는 도전이다. 그날 좀바에서 케이프맥클리어로 가는 길이 그랬다. 197km밖에 되지 않는 거리라서 쉽게 가리라 예상했다. 블랜타이어에서의 경험 때문에 버스를 고르기 위해 좀바 터미널 구석구석을 둘러보다 잠시 정차하기 위해 들어온 미니버스에 올라탔다. 그런데 리원데(Liwonde), 망고치(Mangochi), 몽키베이(Monkey Bay) 세 곳에서 갈아타고서야 케이프맥클리어에 도착할 수 있었다. 처음 두 기사는 몽키베이 직행버스라고 거짓말을 했다. 그리고 현지 가격보다 부풀려진 '외국인 가격'을 지불해야 했다.

이 정도면 버스가 아프리카를 여행하기에 '좋지 않은' 수단처럼 느껴질 수 있다. 그러나 다사다난한 버스 여행은 유랑을 풍성하게 하는 요소 중 하나다. 대중교통의 빈도와 이동 거리에서 도시 간의 상호관계를 찾을 수 있고, 생각지도 못했던 도시나 마을을 둘러볼 수 있다. 그만큼 현지인과 마주치는 시간이 늘어난다는 것도 장점이다. 특히 몽키베이부터 케이프맥클리어로 갈 때 택시를 함께 탄 하얀 염소는 절대 잊지 못할 것이다.

리원데 인근의 시레강, *남부주*

리원데의 한 정류장에서 급하게 버스를 갈아탔다. 버스는 출발 직후 큰 강을 건넜다. 이 강은 말라위 호수의 유일한 출구인 시레강(Shire R.)으로 모잠비크에서 잠베지강으로 합류한다. 건기에는 생명수를 나른다.

리원데에서 망고치로 가는 M3 도로, *남부주*

유목민들이 모인 지역이나 가축을 기르는 지역을 지날 때면, 동물들이 도로를 횡단하는 모습을 보게 된다. 그럴 때마다 차들은 동물이 모두 지나갈 때까지 기다린다. 동물보다 먼저 가는 차는 없다.

▌말라위 호수 _Lake Malawi

말라위 호수는 세 나라에 소중한 존재다. 그 이름을 국명으로 하는 말라위와 호수 일부가 국경인 탄자니아, 그리고 모잠비크가 그 세 나라다. 비가 오지 않는 수개월의 건기에 이 호수는 곧 생명줄 역할을 하기 때문이다.

특히 케이프맥클리어와 주변의 섬들로 이루어진 일부 지역은 말라위 호수 국립공원과 유네스코 세계유산으로 지정되어 있다. 아프리카에서 가장 큰 빅토리아 호수, 두 번째로 큰 탕가니카 호수도 아닌 세 번째로 큰 말라위 호수가 유네스코에 등재된 이유는 무엇일까. 호숫가에 건조

268

케이프맥클리어의 말라위 호수, *남부주*

중인 수많은 물고기들이 힌트였다. 바로 '생물다양성'이다. 수많은 종류의 시클리드(cichlid)가 서식하는데 그중 5종을 제외한 350종이 모두 말라위 호수에게만 있는 고유종이라고 한다.

언덕에서 본 케이프맥클리어와 말라위 호수. *남부주*

■ 케이프맥클리어

케이프맥클리어(Cape Maclear)는 부드러운 곡선의 포근한 호숫가에 자리 잡은 마을이다. 작은 섬이 하나 놓인 호수의 끝에는 잔잔한 물결이 수평선을 따라 일렁였다. 호수의 물은 물고기의 보금자리, 사람들의 식수, 설거지와 빨래를 위한 생활용수다. 호수에서 수영하고 낚시하는 아이들이 만들어 낸 노을 풍경은 말라위 호수가 보여 준 최고의 아름다움이었다.

호숫가를 거닐다 마을로 발길을 돌렸다. 마을의 우물에서 아이들이 줄을 서서 물을 퍼 올린다. 호수의 물과는 용도가 다를 것이다. 길가 담벼락은 나무로 중심을 잡고 긴 풀을 엮어 만들었다. 담벼락 사이 좁은 골목길에는 언제 봐도 예쁜 아이들이 뛰어놀고 있다. 한 아이는 내 손을 잡더니 한참을 함께 걸어 주었다. 시장에는 갖가지 농수산물과 도시에서 온 공산품이 쌓여 있어 여느 시장처럼 북적였다. 그 시장으로 물고기 냄새가 호수의 바람을 타고 들어왔다. 은은한 냄새는 물방울처럼 촉촉했지만, 발길에 흩날리는 모래는 건기임을 떠올리게 했다.

마을 동쪽 언덕에 올라 호수를 내려다본 경관이 아름답다. 조각과 같은 화강암과 부드러운 모래로 이루어진 호숫가, 그리고 높고 낮은 언덕은 다양한 육상 생물의 훌륭한 서식 환경이다. 이 지역에서 4세기의 유물이 나왔다고 하니 과거에도 인간이 살아가기 좋은 환경이었을 것이다.

센가 시장 _ Senga Market

센가 시장, 중부주(Central Region)

말라위 호수 주변에서 먹은 가장 기억에 남는 음식을 꼽으라면 첫 번째가 물고기, 두 번째가 감자튀김이다. 센가 시장 한쪽 감자 상자 위에 걸터앉아 먹은 감자튀김의 맛은 일품이었다.

■ 센가

　케이프맥클리어에서 골로모티(Golomoti), 살리마(Salima)를 지나 도착한 마을 센가(Senga). 이곳은 릴롱궤에서 가장 가까운 말라위 호숫가다. 마을 중심가의 북동쪽에는 넓은 수산물 건조장이 있다. 그 건조장 옆에서는 또 다른 시장이 열린다. 한편 이제 막 호수에서 들어온 배 위에선 경매가 한창이다.

　센가는 그렇게 유명한 관광지는 아니다. 하지만 이곳의 특별함이 있다면 '하마'

센가의 수산물 건조장, 중부주

다. 센가베이(Senga Bay) 북쪽의 작은 언덕을 넘으면 레오파드베이(Leopard Bay)
가 나오는데, 인근 습지에 하마가 자주 출몰한다고 한다.

호숫가에서 만난 한 청년에게 가이드를 부탁했다. 하마들은 뜨거운 태양 아래
물을 찾아 습지나 호수로 나온단다. 그러나 그 날은 하늘이 흐렸고 하마가 도통 호
숫가로 나올 것 같지 않았다. 두 시간을 기다리다 돌아가기로 했다. 하마가 남기고
간 흔적으로 아쉬움을 달래볼 뿐이었다.

■ 은코타코타

3만이 넘는 인구가 거주하는 은코타코타(Nkhotakota)는 19세기 노예무역의 중
심지였다. 그래서 무역을 했던 스와힐리 사람(동부 아프리카 반투계 민족)과 아랍
계 사람의 자취가 남아 있다. 과거 리빙스턴은 이 지역을 그냥 지나치지 않고 노예
무역 중단을 위해 힘썼다고 한다. 한편 주거지역이 넓게 퍼져 있어 유달리 자전거
택시가 많았다. 시장 앞에 빼곡하게 줄을 서서 손님을 기다린다. 15분 정도의 거리
는 몇백 원이다.

은코타코타 호숫가. 중부주

은코타코타 시장, 중부주

마을의 중심지는 M18 도로와 M5 도로가 만나는 교차로 주변이다. 시외 대중교통 수단들도 이곳에서 정차한다. 이를 증명하듯 인근엔 큰 주유소와 시장이 있다. 시장의 한 식당에서 만난 주인 아저씨는 정말 친절했다. 한 가지 메뉴만 시켰음에도 물고기 두 마리를 서비스로 주셨다. 비린내가 전혀 나지 않아서인지 정말 맛있었다. 아래 사진의 오른쪽 음식은 은시마(Nsima)라는 말라위 주식이다. 짐바브웨에서는 삿자, 동부 아프리카에서는 우갈리라 불린다.

말라위의 주식 은시마

■ M18 도로 ~ M1 도로 _은코타코타 ~ 카숭구 ~ 음짐바 ~ 음주주

은코타코타에서 호숫가를 따라 북쪽으로 192km를 달리면 은카타베이가 나온다. 하지만 내륙 지역, 즉 지루(단층에 의해 융기한 땅)의 모습을 보고 싶었다. 그래서 호수 서쪽의 고원을 크게 둘러가는 420km 거리의 경로를 택했다.

우선 은코타코타에서 M18 도로를 따라 서쪽의 큰 도시인 카숭구(Kasungu)로 가야 했다. 이른 아침, 쉐어택시를 타고 출발했는데 정원을 초과해 굉장히 힘들었다. 하반신에 고통이 몰려오고 숨이 막혔지만 대안은 없었다.

카숭구까지 반쯤 갔을 때 다른 미니버스로 갈아타야 했다. 은코타코타의 쉐어택시는 카숭구까지 가지 않고 남아 있는 손님을 카숭구로 가는 다른 대중교통 수단으로 넘기는 것이다. 그제야 한숨 돌릴 수 있었다. 그런데 그 미니버스가 카숭구를 눈앞에 두고 경찰 단속에 걸렸다. 버스로 등록하지 않은 차량이었기 때문이다. 승객들은 경찰서에서 모두 내렸고 나는 터미널까지 걸어갔다.

터미널의 작은 식당에서 점심을 먹고 있는데 대형버스가 도착했다. 릴롱궤에서 아침에 출발해 음주주로 향하는 버스였다. 북적이는 버스의 맨 앞에 세 명의 차장들과 함께 올라섰다. 버스는 젠다, 음짐바를 지나 음주주로 신나게 달렸다.

은코타코타 야생보호구역을 지나는 M18 도로, 중부주

카숭구로 가는 길에 은코타코타 야생보호구역(Nkotakhota Wildlife Reserve)을 지나갔다. 꽤 넓은 면적이었는데 아열대기후에 적응한 나무와 풀들이 메마른 건기를 이겨내고 있었다.

카숭구 터미널 인근의 시장, 중부주

카숭구는 1,000m가 넘는 고원에 자리 잡은 지방 중심지다. 이 지역은 담배 농장으로 유명하다. 안타까운 것은 농장에서 수많은 아이가 힘겨운 노동에 시달린다는 것이다. 이런 상황을 개선하기 위한 국제노동기구(ILO)의 노력에 주목할 만하다.

음짐바에서 음주주로 향하는 M1 도로에서, 중부주

블랜타이어로 갔을 때처럼, 서서 가도 좋으니 맨 앞에 있게 해달라고 부탁했다. 다행히 허락을 받아 맘 편히 앞을 시원하게 내다볼 수 있었다. 비록 3시간 넘게 서 있어야 했지만 조금도 후회하지 않았다. 말라위는 너무 아름다웠기에.

버스를 타기 전 경로를 확인하는 습관이 있다. 버스가 큰 마을이나 국립공원을 지나갈 때 그 경관을 놓치지 않기 위해서다. 그러나 잠비아에 인접한 젠다(Jenda)는 사전에 확인하지 못했다. 예상치 못해서일까. 엄청난 규모의 시장에 정말 놀랐다.

음짐바(Mzimba)는 M1 도로에서 서쪽으로 조금 벗어난 곳에 있다. 하지만 카숭구에서 음주주로 향하는 버스는 음짐바를 그냥 지나치지 않는다. 이 지역에서는 큰 도시이기 때문이다.

음짐바에서 음주주로 향하는 M1 도로, 북부주

음짐바를 지나 계속해서 고원을 달리는데, 그 풍경이 정말 멋지다. 말라위의 땅은 신의 축복이라는 생각이 들 정도였다. 산림이 나오는가 하면 초원이 나오고, 밭이 나오는가 하면 마을이 나온다.

M1 도로 인근의 상인들, 북부주

작은 동네를 하나 지나가는데 길가에 앉은 상인들, 아니 상인이라기보다는 어머니라고 느껴지는 사람들이 채소를 팔고 있다. 무엇이 그렇게 좋은지 웃음소리가 창문 너머로 들리는 듯하다.

281

음짐바에서 음주주로 향하는 M1 도로, 북부주

카숭구에서 음주주로 가는 경로에 비피아고원(Viphya Plateau)이 있다. 음짐바를 거친 이후에는 이 고원의 독특한 경관이 펼쳐졌다. 화강암돔 지형이 여기저기 솟아 올라있었다. 땅속에서 마그마가 식은 것이 지표로 노출된 것이다.

음짐바에서 음주주로 향하는 M1 도로, 북부주

비피아고원의 동쪽 산지는 호수를 마주한다. 그래서 이 동쪽 산지에는 호수로부터의 습한 바람에 의해 비교적 비가 많이 내린다. 기후와 지질 조건이 좋아서일까. 화강암돔 주위를 가득 메운 저 산림은 아프리카 최대의 인공조림 중 하나였다.

음짐바에서 음주주로 향하는 M1 도로, 북부주

하지만 말라위의 경제 사정이 좋지 않아 인공조림을 활용한 목재 산업이 활발하지 못하고 산림이 훼손되고 있다고 한다. 비피아고원의 산촌에서 살아가는 사람들은 앞으로 어떻게 살아가야 할까?

음짐바에서 음주주로 향하는 M1 도로 인근, 북부주

이런 고민을 아는지 모르는지, 아이들은 그저 해맑다. 동생을 앞에 태우고 내리막을 신나게 내려오는 형의 모습은 보는 내가 다 든든했다. 이 나라의 사회와 경제도 저 형의 모습을 조금씩 닮아갔으면 좋겠다.

음주주 도심을 지나는 M5 도로, 북부주

■ 음주주

은코타코타에서 카숭구, 음짐바를 거쳐 은카타베이로 하루 만에 가고 싶었다. 하지만 대중교통으로는 불가능한 일인 모양이다. 음주주(Mzuzu)에 도착했을 땐 이미 해가 거의 다 넘어갔다. 그래서 도심 외곽의 한 캠핑장으로 향했다. 터미널에서 한 청년이 어디로 갈 거냐고 물으며 쫓아온다. 자신의 자전거 택시를 이용하라는 것이다. 결국 자전거에 올랐다. 숙소에 도착해서 그에게 돈을 건네니 잔돈을 주지 않고 도망갔다. 혹시나 하는 마음에 터미널로 돌아가 보았지만 그는 없었다.

다시 숙소로 가다가 잠시 마트에 들렀고, 이후론 가로등 없는 어두운 길을 걸었다. 점차 아무것도 보이지 않게 되자 같은 길을 걷던 사람들에게 같이 가자고 제안했다. 그들과 이런 저런 얘기를 나누다 보니 어느새 캠핑장 앞에 도착했다. 캠핑장 사무실의 거실에서는 외국인들이 술을 마시며 노래를 불렀다. 그들은 내게도 파티를 권유했지만 어울리고 싶지 않았다. 은코타코타에서 여러 도시와 마을을 거쳐 숙소에 들어오기까지 벌어진 많은 일로 심신이 지쳐 있는 상태였다.

음주주에서 겪은 유쾌하지 않은 기억이 하나 더 있다. 은카타베이를 다녀오기로 하고 캠핑장 사무실 직원에게 배낭을 맡겼는데 다녀온 후 배낭을 열어 보고 많이 실망했다. 내용물들이 다 뒤집혀 있었기 때문이다. 누군가 가방을 뒤진 게 확실했다. 훔칠 만한 물건은 없었지만 한번 망가진 기분은 회복이 더뎠다.

음주주 시장, *북부주*

음주주는 북부 주의 주도로 말라위에서 세 번째로 큰 도시다. 10만이 훨씬 넘는 인구가 살아가기에 터미널과 시장의 규모도 매우 크고 몇 개로 나뉘어 있기까지 하다. 시장을 구경하기 위해 아침에 찾아갔는데, 이른 시간 때문인지 한가했다.

음주주를 지나는 M1 도로, *북부주*

말라위 제1의 교통로인 M1 도로를 따라 출근하는 음주주 사람들의 모습이다. 이 도로는 음주주 북부에 집중된 주거지역을 관통하여 남부의 도심으로 이어진다. 그 길을 따라 모인 사람들은 시장, 터미널, 상가, 사무실로 흩어진다. 음주주의 아침 풍경이 활기차다.

■ 은카타베이

지금까지 케이프맥클리어, 센가, 은코타코타까지 3곳의 말라위 호숫가 마을에서 저녁을 보냈다. 호수는 충분히 봤다는 생각에 은카타베이는 당일 답사로 마무리했다. 아침 일찍 음주주 터미널로 가서 은카타베이로 가는 미니버스에 올랐다. 버스 뒤 유리창은 온데간데없고, 신문지와 테이프가 그 자리를 대신하며 바람과 햇빛을 제한적으로 막아 주고 있었다.

높은 산을 넘는 구불구불한 길을 따라 약 50km를 달려 목적지에 도착했다. 은카타베이(Nkhata Bay)는 지금까지 봐 왔던 호숫가 마을의 모습과는 달리 언덕과 바위가 많은, 좁은 만에 있는 마을이었다. 아직 중요한 항구 역할을 한다고는 했지만 버려진 듯 보이는 배도 있었다. 그래도 시장에는 인근 지역에서 모인 농수산물이 가득했다. 점심을 먹기 위해 들어간 식당에는 물고기 요리가 많았다.

은카타베이에는 '버터플라이스페이스(Butterfly Space)'라는 호스텔이 있다. 이 호스텔은 외국인 여행자나 봉사자가 지역에 도움이 되는 활동을 할 수 있도록 도와 주는 것으로 유명하다. 숙소가 있는 곳의 높은 언덕에 오르면 아름다운 호숫가가 내려다보인다.

은타카베이 남쪽 버터플라이스페이스 인근 호숫가, 북부주

호숫가로 내려가면 이색적인 지형이 나온다. 판상절리(판과 비슷한 형태로 발달하는 암석의 틈)를 가진 암반이 지표에 노출된 결과다. 이 암반은 절리를 따라 풍화를 받았다. 이후 여러 개의 넓은 암석으로 분리되어 지금의 모습이 되었다.

음주주에서 치웨타(Chiweta)로 가는 M1 도로, 북부주

은카타베이를 끝으로 말라위를 떠난다. 처음엔 니카(Nyika) 국립공원 동쪽의 좁은 계곡을 따라 순조롭게 달렸다. 그러다가 호수와 나란히 뻗어 나가는 급경사 지형인 리빙스토니아 단애 (Livingstonia Scarp)를 넘었다.

치웨타 인근의 고개에서 본 말라위 호수, 북부주

리빙스토니아 단애의 고개를 넘을 때는 아름다운 말라위 호수가 보였다. 달리는 미니버스에서 찍은 사진이기에 흐릿하게 보이지만, 높은 고개에서 내려다본 말라위 호수의 실물은 믿기 어려울 정도로 눈부시게 빛났다.

카롱가, 북부주

호수를 따라 북쪽으로 계속 달리면 말라위에서의 마지막 큰 도시인 카롱가(Karonga)에 이른다. 카롱가 역시 19세기 후반까지 노예무역으로 유명했던 곳이다. 현재는 주로 곡물 농업과 어업으로 경제활동을 이어가고 있다.

카롱가에서 국경으로 가는 M1 도로 인근의 논, 북부주

카롱가의 많은 곡물 생산량을 증명하듯, 도심에는 곡물을 가득 실은 차량이 보이고 도시 주변에는 논이 넓게 자리 잡고 있었다. 카롱가에서 50km만 더 가면 탄자니아 국경이다.

송그웨강 _ Songwe River

송그웨강

말라위와 탄자니아의 국경은 송그웨강으로 이루어진다. 저 멀리 아이들이 신나게 노는 소리가
말라위와 탄자니아를 연결하는 다리까지 울려 퍼졌다. 그 순수한 소리 아래에서, 남부 아프리카
6개국 유랑을 정리했다. 그리고 다시 동부 아프리카 유랑으로 나아갔다.

탄자니아

동부 아프리카는 그 자체로 하나의 세상이다
경관만큼이나 아름다운 사람들의 세상이다

탄자니아 개관

국명	United Republic of Tanzania (TZA)
수도	다르에스살람
면적(㎢)	947,300㎢ 세계 31위 (CIA)
인구(명)	52,482,726명 세계 27위 (2016 est, CIA)
인구밀도	55.4명/㎢ (2016 est, CIA)
명목GDP	467억$ 세계 81위 (2016, IMF)
1인당 명목GDP	960$ 세계 158위 (2016, IMF)
지니계수	37.78 (2011 est, World Bank)
인간개발지수	0.531 세계 151위 (2015, UNDP)
IHDI	0.396 (2015, UNDP)
부패인식지수	32 세계 116위 (2016, TI)
언어	영어, 스와힐리어

　탄자니아는 적도 근처의 동부 아프리카 해안에 위치한다. 대부분이 스텝기후(BS) 또는 열대사바나기후(Aw)에 속한다. 특히 인도양을 마주하는 해안 지역은 상대적으로 기온이 높고 강수량이 많다. 반대로 내륙의 고원 지역은 바다에서 멀어 해안보다 강수량이 적고, 고도가 높아 기온이 선선하다.

　탄자니아의 평균고도는 1,018m(CIA 기준)로 고원과 산지가 많다. 특히 북동부에는 킬리만자로산과 우삼바라산맥이 우뚝 솟아 있다. 또한 동아프리카 지구대를 따라 크고 작은 산맥이 넓게 이어진다. 더불어 3개의 호수가 국경지역에 자리한다. 북서부 국경에는 아프리카 최대 면적의 호수인 빅토리아 호수가 있고, 서부 국경에는 아프리카에서 가장 깊은 탕가니카 호수가 있으며, 남부 국경에는 말라위 호수가 있다. 한편 중부에는 초지와 산림이 넓게 펼쳐진다. 이곳에서는 각 지역의 기후와 토양에 맞게 유목과 농업 등의 토지 이용이 이루어진다.

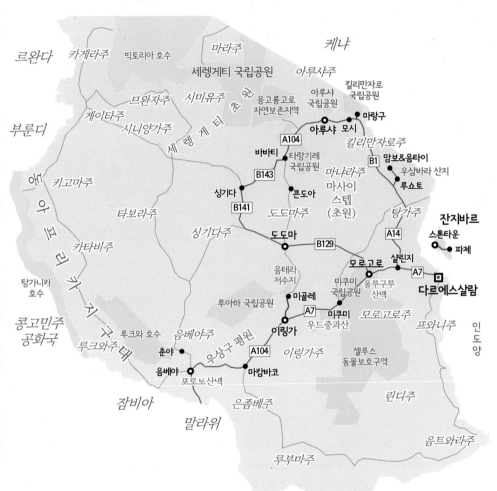

여행 경로 개관

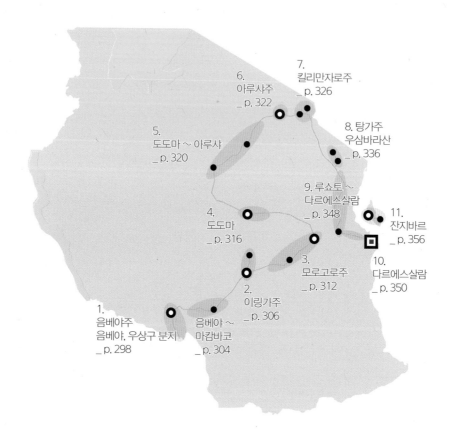

5.
도도마 ~ 아루샤
_ p. 320

6.
아루샤주
_ p. 322

7.
킬리만자로주
_ p. 326

8. 탕가주
우삼바라산
_ p. 336

9. 루쇼토 ~
다르에스살람
_ p. 348

11.
잔지바르
_ p. 356

4.
도도마
_ p. 316

3.
모로고로주
_ p. 312

10.
다르에스살람
_ p. 350

2.
이링가주
_ p. 306

1.
음베야주
음베야, 우상구 분지
_ p. 298

음베야 ~
마캄바코
_ p. 304

1. 음베야주 _ 음베야, 우상구 분지

말라위 호수에 이어 음베야에서 동아프리카 지구대를 다시 마주했다. 롤레자산에서
내려다본 음베야, 춘야로 가는 산지에서 내려다본 우상구 분지는 동부 아프리카의 웅
장한 자연경관을 실감하게 했다.

2. 이링가주 _ 이링가 ~ 미골레

사바나의 넓은 평원을 달리다가 작은 강 옆에 솟아오른 화강암 절벽 앞에 도착했다. 그
위 높은 지대에 이링가가 있었다. 그리고 이링가 북쪽의 멀지 않은 곳에 있는 음테라
저수지와 그 앞의 마을 미골레를 다녀왔다.

3. 모로고로주 _ 이링가 ~ 미쿠미 ~ 모로고로

모로고로로 가는 길은 우드중과산의 높고 깊은 구불구불한 골짜기를 지나가야 한다.
계곡 이후에는 야생 동물의 세상인 미쿠미 국립공원을 통과했다. 이어 거대한 울루구
루산맥 북쪽에 있는 평탄한 땅에 들어서자 모로고로가 나왔다.

4. 도도마주 _ 도도마

모로고로에서 도도마로 가는 길. 산지를 지나 내륙 깊숙한 곳의 고원에 이르면서 모로
고로보다 건조한 땅이 나왔다. 신행정수도로서의 도도마는 정돈된 모습이었다.

5. 도도마 ~ 싱기다 ~ 바바티 ~ 아루샤

버스는 콘도아를 거쳐 바로 아루샤로 가지 않고 싱기다로 둘러 갔다. 만요니, 싱기다와
같은 도시가 있는 곳에서 손님을 내려주고 태우기 위함이다. 이 지역의 동아프리카 지
구대를 지나면서, 여러 요인으로 달라지는 경관을 볼 수 있었다.

6. 아루샤주 _ 아루샤, 메루산

탄자니아 관광의 중심 아루샤로 갔다. 이 도시를 내려다보는 높은 메루산의 기슭에 올
라 숲 사이를 지나가는 오솔길을 걸으며 밭과 마을을 보았다.

7. 킬리만자로주 _ 모시, 마랑구

킬리만자로의 정상으로 가는 길은 나의 예산을 초과한다. 그 대안으로 산기슭의 마랑
구를 갔다. 그 마을 주변에 있던 은간구 언덕에서 킬리만자로의 사면을 보았다.

8. 탕가주 _ 우삼바라산(음타이, 맘보, 루쇼토)

케냐와 국경을 이루는 북동부 지역에는 우삼바라라는 웅장한 산맥이 있다. 그 산맥의
서쪽 끝에 지리 잡은 음다이와 맘보를 방문했고, 이어 루쇼토로 갔다.

9. 루쇼토 ~ 다르에스살람(A14 도로)

루쇼토에서 다르에스살람으로 가는 길에 사이잘을 기르는 큰 농장을 지나갔다. 그리
고 광활한 땅에서 가축을 기르는 유목민들도 자주 마주쳤다.

10. 다르에스살람

실질적인 경제수도의 기능을 담당하는 이곳은 여행자의 도시가 아니다. 하지만 탄자
니아 제1의 도시를 놓칠 수는 없었다.

11. 잔지바르 _ 스톤타운, 파제

이번 유랑의 마지막 답사지는 잔지바르섬이었다. 다르에스살람에서 배를 타고 섬으로
들어가서 스톤타운과 파제 해안을 둘러보고 유랑을 마쳤다.

음베야 _ Mbeya

롤레자산에서 본 음베야, 음베야주(Mbeya Region)

가파른 경사를 힘겹게 올라 2,300m 높이의 능선에 이르자, 음베야가 눈앞에 펼쳐졌다. 동아프리카 지구대의 한 계곡을 가득 채운 도시는 가히 자연과 인간의 합작이었다. 하늘을 걷는다는 것이 이런 기분일까? 그곳은 롤레자산(Loleza Mt.)이었다.

이핀다(Ipinda)에서 음베야로 가는 B345 도로에서 본 동아프리카 지구대

■ 음베야

 국경 마을에서 올라탄 버스 안에서 역동적인 동아프리카 지구대를 보았다. 고산의 경사면에는 차밭이 이어졌고 그 너머로는 넓고 깊은 계곡이 보였다. 그 계곡은 말라위까지 이어지다가 호수로 메워진다. 얼마나 달렸을까. 어느새 버스는 은지판다(Njipanda)의 2,200m 고개를 넘었다. 그리고 음베야(Mbeya) 외곽의 터미널에 도착했을 때는 해가 넘어갈 무렵이었다. 터미널에서 빠르게 시내버스로 갈아타 구도심의 시심바(Sisimba) 터미널로 향했다. 퇴근 시간이라 차량이 많았고 버스는 해가 다 지고 나서야 터미널에 도착했다. 결국 어둠 속에서 숙소를 찾아 나섰다.

 말라위의 많은 사람들은 영국의 영향으로 영어를 잘하는 편이었지만, 탄자니아의 상황은 달랐다. 숙소 주인에게 '당장 돈을 낼 수 없는 사정'을 설명하는 데도 진

음베야 외곽의 터미널

음베야, 음베야주

땀을 뺐다. 이후 다시 터미널로 갔다. 저녁 식사와 심카드를 위해서다. 주린 배를 채우기 위해 식당을 찾아 나섰다. 작은 식당에 들어가 1,000원을 내니 밥과 콩 반찬 하나를 내어준다. 맛있어서 500원을 더 내니 처음처럼 음식을 주었다. 이후 심카드를 사기 위해 돌아다녔다. 핸드폰 상점에서 등록하기에는 가격이 비싸, 길거리에 돌아다니는 공식 대리인(에이전트)을 찾았다. 밤이라서 위험하지는 않을까 걱정했다. 다행히 주변 사람들의 도움을 받았고 저렴한 가격으로 등록을 마쳤다. 여기서부터 시작된다, 내가 정말 좋아하는 동부 아프리카 유랑은.

다음날 음베야를 한눈에 조망하기 위해 롤레자산에 올랐다. 원래는 중턱끼지만 올라가려 했으나 산사면의 작은 마을과 산길에 매혹돼 발걸음을 멈출 수 없었다. 결국 꽤 높은 고도까지 올랐다. 하지만 롤레자산의 정상은 생각보다 높았다. 시간이 부족해 아쉽게도 2,200m급 능선에서 산행을 마치기로 했다. 동아프리카 지구대에 속한 넓은 계곡 속의 음베야는 장관이었다.

음베야는 38만 명(2012년 기준)의 인구가 사는 대도시다. 이 지역은 금 광산으로 유명하다. 유럽인들은 한때 아프리카의 자원 채굴에 나선 바 있다. 이 시기에 영국은 음베야 지역의 금광을 개발했다. 한편 음베야는 탄자니아의 대표적인 곡창지대이기도 하다. 연 강수량 800mm 이상에 토양도 좋아서 쌀, 옥수수를 비롯한 작물이 많이 생산된다.

음베야에서 놓치지 말아야 할 것이 있다면 춘야(Chunya)로 향하는 B345 도로다. 이 도로는 롤레자산 능선에서 이어지는 높은 고원의 동쪽 급경사면 위를 달린다. 그래서 급경사면 아래로 넓은 들판을 내려다볼 수 있다. 특히 도로 옆에는 아직 잘 알려지지 않은 '세상의 끝 전망대(World's End Viewpoint)'가 있다. 그레이트루아하강(Great Ruaha R.) 상류의 넓은 우상구 분지(Usangu Basin)는 마치 또 다른 세상 같았다.

고원으로 올라올 때 버스 맨 앞자리에 앉은 건 행운이었지만, 오후에 간 것은 실수였다. 생각보다 거리가 멀었고 해질녘이라 대중교통이 많지 않았다. 음베야로 돌아가기 위해 히치하이킹을 시도했지만 모두 지나치고 버스는 하나도 오지 않았다.

음베야와 춘야 사이의 산지, *음베야주*

어둠이 몰려오자 마음이 급해졌다. 발을 동동 구르는데 마을에서 오토바이를 가진 한 아저씨가 나타났다. 음베야까지 가는 다른 교통수단을 발견할 때까지 태워 주겠다고 했다. 산기슭에서 기적처럼 음베야로 가는 다른 오토바이를 잡았을 때는 이미 어두웠다. 하지만 고개를 넘어서고 음베야가 내려다보이는 순간, 걱정이 환희로 바뀌었다. 야경이 너무 아름다웠다. 아프리카에서 본 야경 중 최고였다.

시심바 버스 터미널에서의 저녁, *음베야*

무사히 터미널에 도착했다. 저녁을 먹기 위해 어제 갔던 식당으로 들어갔다. 그런데 음식량이 적었다. 그래서 길거리에서 파는 차파티(chapati)를 더 사 먹었다. 인도의 난과 비슷한 동부 아프리카의 음식으로 정말 맛있었다.

시심바 버스 터미널, *음베야*

이른 새벽, 숙소에서 나와 선선한 바람을 맞으며 이링가로 가는 버스에 올랐다. 인구가 많은 대도시 간의 버스라서 그런지 대기 시간이 길지 않았다. 터미널에는 상인, 차장, 승객이 섞여 새벽부터 하루를 시작했다.

음베야에서 마캄바코로 가는 A104 도로

붉은 태양이 올라오기 직전, 온 세상은 따뜻하게만 보였다. 조금이라도 높은 언덕이나 고개를 넘어갈 때면 버스 창문으로 보이는 아름다운 풍경에 가슴도 따뜻해졌다.

음베야에서 마캄바코로 가는 A104 도로

버스의 맨 앞자리에 앉아 창문 밖을 보는 일은 언제나 설렌다. 특히 사람들이 살아가는 모습을 보면 더욱 그렇다. 사람들이 걷는 저 길에 나의 발이 직접 닿지는 않았지만, 그 사람들을 향한 나의 시선은 온전히 닿았음에 사진을 찍고 설렘을 나눈다.

마캄바코 버스 터미널, 은좀베주(Njombe Region)

마캄바코(Makambako)는 음베야와 이링가 사이의 가장 큰 도시다. 마캄바코에서 잠시 정차했다가 다시 이링가로 출발한 버스는 약 1시간 후 사오힐 산림보호구역(Sao Hill Forest Reserve)을 지나갔다. 그곳에 동부 아프리카의 가장 큰 제재소 중 하나가 있다.

이링가 _Iringa

이링가, 이링가주(Iringa Region)

늦은 오후, 이링가 도심에서 보이는 남서쪽의 높은 언덕을 향해 걸어갔다. 이링가 남쪽의 이포고로(Ipogolo) 지역(사진 왼쪽 아래의 마을)을 둘러보고 언덕에 올라 이링가의 전체적인 경관을 내려다보기 위함이었다. 생각보다 언덕이 높고 길 찾기가 어려웠다. 마을 사람들의 안내로 등산로 초입까지는 갔지만, 이후로는 몇 번이나 길을 헤맸다. 혼자라서 조금 무섭고 힘겨웠지만 돌아보면 펼쳐지는 멋진 이링가의 모습은 계속 올라가게 했다. 꽤 높은 능선에 있던 커다란 바

위에 서서 아름다운 빛으로 물든 이링가를 보았다.

이링가는 화강암 절벽을 성곽 삼아 높은 지대에 자리 잡고 있다. '이링가'란 헤헤(Hehe) 사람들의 언어로 '요새'라는 뜻이다. 그 아래에는 리틀루아하강(Little Luaha R.)이 굽이쳐 흐른다. 건기라 그런지 강이 흐르는 자리에만 나무들이 많이 자란다.

이링가 도심 A104 도로상의 우후루애비뉴(Uhuru Avenue), *이링가주*

■ 이링가

활기차고 평화로운 도시 이링가에서 맞이한 첫째 날 밤. 호스텔로 들어왔는데 정전이 났다. 거실에는 나, 이링가의 장기 봉사자인 독일 청년, 호스텔 이웃인 탄자니아 청년 등 셋이 있었다. 전기공을 기다리는 동안 우리는 작은 랜턴의 희미한 빛 아래에서 대화를 나눴다.

탄자니아 청년은 이링가에서 활동하는 외국인 봉사자들에 대해 회의적이었다. 봉사가 그들의 삶에 어떤 도움이 되는지 의문스럽다는 점에서다. 사실 그들에게 필요한 건 당장 마실 물과 먹을 음식이 아니라 자립을 위한 학문과 기술일지 모른다. 그러나 개발협력 차원에서 이뤄지는 지원의 방향과 내용은 조금 다르다. 그들에게 진정으로 필요한 건 무엇일까. 태권도와 한국 음식일까.

나와 독일 청년은 그의 이야기를 경청하며 대화를 이어갔다. 독일 청년이 그에게 어느 부족에 속하는지를 물어보았다. 수쿠마(Sukuma), 니암웨지(Nyamwezi), 차가(Chaga) 같은 부족 이름을 예상했다. 그러나 대답은 이랬다.

"I am Tanzanian."

부족이 아닌 탄자니아 국민이라니. 생각지도 못한 답변이었다. 그는 곧 자신을 이렇게 소개한 이유에 대해 털어놓았다. 출신 부족으로 평가받는 관행에서 벗어나고 싶기 때문이란다. 이제는 탄자니아가 부족 간 갈등을 넘어 하나로 거듭나길 바

이스마일리(Ismaili) 모스크 인근 자맛스트리트(Jamat Street), *이링가*

이링가 시장, *이링가*

란다는 희망의 메시지 또한 덧붙였다.

　아프리카의 일부 국가는 부족 간 갈등이 심하다. 이러한 갈등은 정치나 경제활동에 큰 영향을 끼친다. 우리나라에서 영·호남의 지역감정이 국가 정치에 미치는 영향과 비슷하다. 그러다 보니 부족 이름을 말할 때마다 사회적 편견이 붙는다고 한다. 120개 이상의 부족이 공존하는 탄자니아에서도 그렇다. 참고로 지난 탄자니아 정부는 '하나의 국가에 같은 국민'이라는 인식을 키우는 데 노력한 바 있다.

■ 미골레

　이링가 북쪽 약 125km 거리에 음테라(Mtera)댐이 있다. 이링가를 포함해 주변 지역에 전력을 공급하는 수력발전 댐으로 그레이트루아하강(Great Luaha R.)을 막아 지었다. 그 댐으로 만들어진 음테라 저수지와 주변의 작은 마을인 미골레(Migole)를 찾아갔다. 마을 중심에는 버스 정류장과 식당이 자리하고, 저수지 앞에는 옥수수를 비롯한 다양한 작물이 재배되고 있었다.

가장 인상적인 장면은 마을 사람들이 협업하여 벽돌을 만드는 것이었다. 아이들은 당나귀 수레에 올라 저수지의 물을 나르고 어른들은 빨간 벽돌을 만들어 그늘에 차곡차곡 쌓고 있었다. 그들은 하나의 사회적 공동체로 생계를 이어가고 있었다.

다시 이링가로 돌아오는 길에 탄자니아 최대의 국립공원인 루아하 국립공원(Ruaha National Park)이 보였다. 저 넓은 들판에서 살아가는 사람들과 동물들의 삶은 어떤 모습일까. 이렇게 멀리서 바라볼 때면 늘 호기심이 샘솟는다.

모로고로 _ Morogoro

울루구루 산지의 북부 언덕에서 본 모로고로, 모로고로주(*Morogoro Region*)

울루구루산맥(Uluguru Mts.)과 연결되는 언덕을 따라 몇 시간을 걸었다. 그 능선에서 내려다본
모로고로는 아름다웠다. 루구루(Luguru) 사람들의 이름을 따서 명명한 울루구루 산맥. 이 넓은
산지에서 10만 명 이상의 인구가 살아간다고 한다.

■ A7 도로 _이링가 ~ 모로고로

이링가에서 모로고로로 가는 A7 도로는 꽤 흥미로웠다. 우선 가파르고 역동적인 우드중과마운틴(Udzungwa Mountain) 국립공원 북쪽의 깊은 골짜기를 지나갔다. 이어서 미쿠미(Mikumi) 국립공원을 지나면서 기린, 원숭이, 얼룩말 등 다양한 동물을 곳곳에서 발견했다. 하지만 그날 가장 감동적이었던 건 모로고로였다. 산으로 둘러싸인 평지에 자리한 모로고로는 가로수가 많은 아름다운 도시였다.

모로고로의 일몰

■ 모로고로

　나무로 가득한 거리를 보며 이곳에서 살고 싶다는 바람이 가슴을 스쳐 지나갔
다. 도심 버스 터미널과 그 주변에 자리 잡은 시장은 인파로 북적여 생기를 더했다.
모로고로를 내려다보는 언덕도 좋았다. 이링가 남쪽의 언덕과는 달리 모로고로 남
쪽의 산기슭에는 밭과 집이 많아 정겨웠다. 길에서 만난 사람들은 모두 웃으면서
인사를 해 줬다. 아름다움에 취해 해가 완전히 질 때까지 걷고 또 걸었다.

모로고로 도심

도도마 _ Dodoma

도도마, 도도마주(Dodoma Region)

모로고로 산지를 벗어나 도도마가 있는 서쪽의 내륙 고원으로 가면 기후가 건조해지고 식생도
바뀐다. 열대사바나기후(Aw)에서 스텝기후(BSh)로 넘어가는 것이다. 그래서 도도마에는 건조
한 기후에 적응한 키 작은 나무들이 많았다.

도도마 도심을 지나는 B129 도로, *도도마*

■ 도도마

　탄자니아 최대 도시이자 경제 수도 역할을 담당하는 다르에스살람과 비교하면, 도도마는 상징적인 수도에 가깝다. 하지만 국회의사당이 있는 정치적 중심지라는 사실은 분명하다. 또한 도도마는 국토 중앙에 위치한다는 지리적인 이점이 있다. 그래서 주변 지역을 연결하는 교통의 허브로도 그 위상을 높여 가고 있다.

사바사바 버스 스탠드 인근의 시장, *도도마*

사바사바 버스 스탠드 인근의 도매시장, *도도마*

사바사바 버스 스탠드(Saba Saba Bus Stand) 옆의 시장에는 헌 옷들이 판매되는 경매장이 있었다. 산더미처럼 쌓여 있는 옷 앞에서 도매상인들이 나란히 서서 한 벌씩 판다. 그 앞에 모인 소매상인들은 손을 들고 가격을 외친다. 옷 한 벌이 거래되는 시간은 30초를 넘지 않았다.

마젠고 지역의 시장, *도도마*

해가 져 어두워도 마젠고(Majengo) 지역은 사람들로 북적였다. 길을 걷다가 좋은 저녁거리를 찾았다. 외국인이 왔다며 신이 난 주인은 소고기구이와 감자튀김을 추천했다. 너무 맛있어서 오랜만에 과식했고 그래서 배탈이 났던 곳이라 잊으려 해도 잊을 수 없다.

싱기다 버스 터미널, *싱기다주(Singida Region)*

도도마에서 아루샤로 가는 길은 콘도아(Kondoa)를 거쳐 가는 A104 도로가 가장 빠르다. 하지만 싱기다(Singida)를 거쳐 가는 B129-B141-B143 도로를 달리는 버스도 많다. 이들은 가는 길에 몇 개의 큰 도시와 마을을 들른다.

바바티로 가는 B143 도로, *마나라주(Manyara Region) 하낭구(Hanang District)*

싱기다를 지나고 버스는 남북 방향의 긴 능선을 달렸다. 오른쪽에는 그보다 낮은 분지가 넓게 펼쳐지는데, 음베야 동쪽의 우상구 분지와 비슷했다. 그러다가 능선의 끝자락에 이르면 분지 쪽으로 내려가는데 그때 펼쳐지는 풍경이 정말 아름다웠다.

싱기다 다음 경유지는 바바티(Babati)였다. 아름다운 호수와 산이 있는 이곳은 휴양지로 유명하다. 바바티로 향하는 내리막에서 본 풍경 또한 일품이었다. 아침 일찍 출발한 버스는 바바티에 이르러서야 휴게소에 멈춰 섰고, 짧은 점심 시간을 내주었다.

바바티에서 아루샤로 가는 A104 도로

바바티를 지나 아루샤로 가면서 고도와 함께 식생의 밀도도 낮아졌다. 평탄한 대지엔 나무가 듬성듬성 보이고 키가 작은 관목과 들풀이 많았다. 아무도 살지 않을 것 같지만 가끔 보이는 가축과 유목 민족은 이 땅에 생명을 불어넣는다.

아루샤 _ Arusha

메루산에서 본 아루샤, *아루샤주(Arusha Region)*

탄자니아에서 두 번째로 높은 메루산(Meru Mt.). 그 기슭에 있는 아루샤는 기후와 토양이 좋아 많은 사람이 거주하고 있다. 2012년 인구가 416,442명(Tanzania National Bureau of Statistics, 2013)이었으니 현재는 더 많을 것이다.

아루샤는 식민 시절부터 지방 중심지로 성장하기까지 백인을 포함한 많은 외국인이 이주해 왔다. 외국인을 길거리에서 쉽게 마주칠 수 있는 까닭이다. 현재는 동아프리카공동체(East African Community)의 본부가 있어 탄자니아의 국제외교 중심지이기도 하다.

더불어 아루샤는 소문난 관광도시다. 수많은 관광객이 세렝게티 초원과 킬리만자로산 등의 세계적인 국립공원을 가기 위해 아루샤를 거친다. 도시를 내려다보는 메루산도 지명도가 덜하지만 국립공원이다.

한편, 『Tanzania Human Development Report 2014』(Economic Transformation for Human Development, 2015)에 따르면 아루샤주는 2012년 탄자니아에서 인간개발지수(HDI)가 가장 높은 지역이었다.

아루샤, *아루샤주*

■ 아루샤 지역 _ 아루샤와 메루산

비싼 가격에 국립공원에는 가지 못하고 도심과 주변을 돌아봤다. 그래도 볼 것
은 많다. 도심이나 교외에서, 특히 산속에서 살아가는 사람들을 만나는 여정은 언
제나 즐겁다. 나는 도심 북동쪽의 세케이 길(Sekei Road)에서 그 여정을 시작했다.
키 큰 나무가 시원한 그늘을 드리운 세케이 길을 따라 산으로 계속 걸었다. 그 길의
끝자락에 작은 가게가 있는데 마침 반갑게 인사하는 아이들이 있었다.

세케이 길 북쪽의 오솔길, *아루샤주*

메루산 기슭의 산촌과 밭, *아루샤주*

　이후 오솔길을 따라 작은 밭과 집이 이어졌는데, 갑작스럽게 마주친 오르막을 오르니 완만한 땅이 나왔다. 남으로는 아루샤가 보이고(322쪽 사진), 북으로는 메루산을 배경으로 완만한 경사지의 넓은 밭과 마을이 펼쳐졌다. 모두에게 열려 있는 이 '공원'은 예쁜 집과 한적한 오솔길 그리고 현지인의 인사로 가득 채워져 있다. 다시 도심으로 돌아가는 길, 아열대 산림 속의 또 다른 마을을 지나쳤다.

메루산 기슭의 마을 길, *아루샤주*

킬리만자로 _ Kilimanjaro

이름만 들어도 심장이 두근거리는 곳이 있다. 세렝게티와 킬리만자로. 이 둘은 그 가치를 인정받아 1980년대에 각각 세계유산에 등재되었다. 자연유산 등재 기준 중 7번 항목을 공통으로 적용받았는데 그 기준의 요지는 '최상의 자연 현상'이다. 더 이상의 극찬은 없을 것이다.

많은 매체에서 주 무대로 등장했던 이 지역은 탄자니아 관광 수입의 원천이다. 현지 정보에 따르면 세렝게티 초원과 킬리만자로산을 관광하는 비용은 각각 60만 원과 120만 원에서 시작한

킬리만자로산, 킬리만자로주(kilimanjaro Region)

다. 더 저렴한 투어의 경우 가이드나 숙식이 좋지 않다. 그러나 숙식은 차치해도 주요 동식물을 찾거나 독특한 자연경관을 설명해 주는 국립공원 가이드의 역할을 고려하면 가격 흥정이 쉽지 않다. 만 원이 조금 넘는 숙소를 뒤로하고 더 저렴한 캠핑장을 찾아 나서는 학생 또는 장기 배낭 여행자에게는 꿈에서나 가 볼 수 있는 상상의 무대다.

모시, 킬리만자로주

■ 모시

킬리만자로산 남쪽 기슭에 자리 잡은 모시(Moshi)는 차가(Chaga) 사람들의 터전이었다. 하지만 19세기 후반 독일이 군사시설을 설치한 이후 선교 거점과 지역 중심지로 성장했다. 동시에 완만한 산사면과 고산기후를 활용해 커피와 같은 상품작물을 활발하게 재배하기 시작했다. 현재 모시는 킬리만자로산과 산기슭의 마을, 농장을 보기 위해 거치는 관광의 거점이 되었다.

모시 버스 터미널

모시의 라피키 백패커스에서 본 킬리만자로산

내가 머문 라피키(Rafiki) 백패커스 옆에는 3층 높이의 건물이 있었다. 노을이 질 때 그 건물 옥상에 올라서면 붉은빛으로 물든 킬리만자로가 보였다. 신비로운 기운이 느껴지는 아프리카의 최고봉 킬리만자로를 말없이 그저 바라보았다.

오롯이 아프리카만의 영역처럼 느껴졌던 킬리만자로 지역. 하지만 그곳엔 이미 외국인 관광객의 흔적이, 그 이전에 식민 시절의 흔적이, 더 이전에 아랍의 흔적이 묻어 있었다. 이곳에 남겨진 지역 간 상호작용은 아프리카 역사의 한 편이었다.

마웬지로드(Mawenzi Road)의 수니(Sunni) 모스크, 모시/

마랑구 인근 산길, *킬리만자로주 롬보(Rombo)*

■ 마랑구

킬리만자로산은 오르지 못했지만 대신 산기슭의 작은 마을을 방문했다. 모시 북동쪽 마랑구(Marangu)라는 곳이다. 아침 일찍 일어나 미니버스를 탔고, 마랑구 시장 앞에서 내렸다. 큰길을 중심으로 산재한 몇 개의 폭포와 동굴을 찾아다녔다. 이미 관광지가 된 이곳에서는 작은 폭포와 동굴조차 입장료를 받고 있어 가까이 가지는 못했다.

마랑구 인근의 킨양게(Kinyange) 시장

대신 숲속의 집과 사람들은 많이 만나 볼 수 있었다. 나무로 빽빽한 숲길을 걷는 일은 생각보다 즐거웠다. 행여나 사람을 만나면 동네 사람인 것처럼 인사를 했다. 특히 작은 술집에서 한 아저씨가 건넨 바나나 맥주의 톡 쏘면서도 달콤한 향은 잊을 수가 없다. 높은 산자락에서 살아가는 킬리만자로 사람들의 삶은 너무 아름다웠다.

킬리만자로 사람들 _ the people of Kilimanjaro

마랑구 인근, 킬리만자로주 롬보

킬리만자로 산자락을 걷다가 뙤약볕 아래 열심히 돌을 깨는 아
저씨를 만났다. 그는 땅에서 찾은 화산암을 조각내고 있었다.
내가 다가가니 미소를 지으며 인사를 했다. 문득 그의 곁에서
덥지 않게 그늘을 드리고 있는 나뭇잎이 고마웠다. 그리고 내가
아주 잠깐이나마 그를 웃게 만든 사람이란 것에 감사했다.
비싼 국립공원에 갈 수 있는 여행자와 저렴한 지역을 찾아 나서
는 여행자. 이 둘 사이의 간극은 '지리학도에게는 모든 공간이
소중하다'라는 신념 아래 자신을 위로하며 조금씩 좁혀 나갔다.
그리고 들려오는 소리, 탕, 탕, 탕. 그리고 드는 생각, 여행을 갈
수 있는 자와 갈 수 없는 자의 간극은 어떻게 좁힐 것인가. 그
간극을 깨고 싶어 두드리는 마음 한쪽의 망치질은 다른 한쪽의
마음만 아프게 한다. 오늘도 난 불편한 유랑을 이어 가는 지리
학도였다.
좀 더 대화를 나누고자 가까이 다가가서 말을 걸었다. 그런데
그 사람의 한쪽 다리가 보이지 않았다. 이렇게 믿고 싶었다. '그
사람의 한쪽 다리는 돌무더기에 가려졌거나, 내 눈이 나빠 보이
지 않을 뿐이다. 분명히 그 아저씨의 다리가 킬리만자로를 떠받
치는 튼튼한 지지대임이 틀림없다. 그 지지대가 되어 준 수많은
마을 사람들이 킬리만자로의 진짜 주인이다.'
지리 이야기에는 사람이 빠질 수 없다. 그래서 사람들에게 다가
갈 필요가 있다. 그것이 습관이 되어 사람이 많은 곳을 찾아가
거나, 다양한 곳에서 각자의 모습으로 일상을 살아가는 이들을
만나려고 했다. 그러다 보면 그 지역은 물론 그 지역에서 살아
가는 사람들에게 애착이 가게 된다. 나의 유랑은 늘 그랬다.

은간구 언덕 _Ngangu Hill

은간구 언덕에서 본 킬리만자로산, *킬리만자로주*

지도에서 은간구 언덕이라는 곳을 찾았다. 가이드북이나 인터넷에 잘 소개되어 있지 않았지만, 주변을 조망할 수 있을 것 같아 가보기로 했다. 지도를 보면서 걸어가는데 오토바이를 탄 친절한 청년을 만나 언덕 근처까지 함께 이동했다. 그 이후는 산속 마을 아이들의 도움을 받아 헤매지 않고 목적지에 도착했다. 한낮이라 킬리만자로 정상부는 구름에 가렸지만, 360도의 전망이 가능한 최고의 뷰포인트였다. 산림 구석구석에 집과 밭도 보였다. 정말 놀라운 자연경관이다. 멀리서 보아도 그저 경이롭기만 했다.

킬리만자로는 세계 최대의 화산이다. 해발 5,895m의 아프리카 최정상은 화산 활동의 결과물이다. 이 거대한 산은 고도에 따라 다양한 식생대를 보유하고 있다. 그곳에선 2,500종의 식물과 140종의 포유류 등의 생물들이 살아간다.

음타이의 학생들 _ Mtae's Students

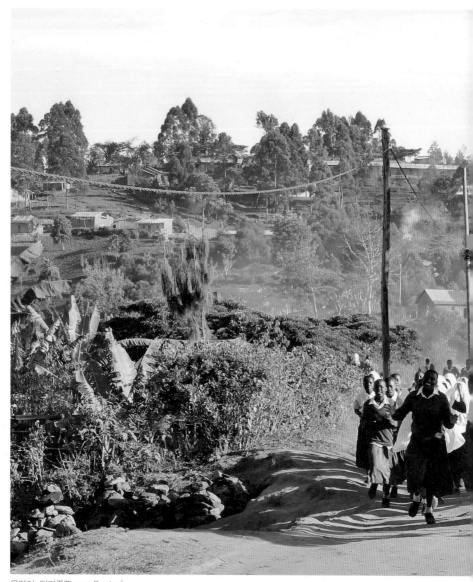

음타이, 탕가주(Tanga Region)

교복을 입은 학생들이 신나게 달린다. 음타이의 아침을 알리는 소리가 마을에 울려 퍼진다. 그 웃음 영원히 잊지 않았으면…. 너희는 모두 지구의 선물이다.

음타이의 황혼, 탕가주

■ 음타이

　아름다운 산길을 한 시간 넘게 달렸다. 울창한 산림과 계단식 밭 그리고 이름 모를 마을들. 모든 풍경이 이색적이었다. 몽환적인 산길의 노을에 취해 있던 탓인지, 시간이 흐르는 것도 눈치채지 못했다. 그러다 문득 정신을 차리니 해가 곧 넘어갈 듯했다. 뒤늦은 걱정이 몰려왔다. 어두운 산속에서 길을 헤매지는 않을까? 실제로 음타이(Mtae)에 도착했을 땐 길이 잘 보이지 않을 정도로 깜깜했다. 하지만 한 청년의 도움으로 어렵지 않게 숙소와 식당을 찾았다.

　주린 배를 채우기 위해 식당으로 이동했다. 뭘 먹을 수 있을까 궁금해하며 주방으로 갔는데 소고기 요리가 보였다. 냄새가 너무 좋아 좀 받을 수 있을까 물었더니 예약한 사람의 음식이라 많이는 어렵지만 조금은 내주겠다고 한다. 그 소고기 스튜(stew)의 맛은 단연코 3개월간 먹은 음식 중 최고였다. 배를 채우고 숙소로 돌아오자 직원이 따뜻한 물을 건넸다. 어디서 물을 퍼 오나 궁금해 따라가 봤다. 숙소 뒤편 커다랗고 검은 아궁이가 그 출처였다. 고도가 높은 산지의 밤이라 매우 추웠지만 따뜻했던 물 덕분인지 마음이 훈훈했다. 샤워 뒤 밤길을 거닐고 싶은 마음이 들었다. 밖으로 나오니 하늘을 수놓은 별들이 쏟아지고 있었다.

　다음날 이른 아침에 길을 나섰다. 어두워서 보지 못했던 시원한 전경이 보였다. 하늘은 지표 가까이 있는 붉은빛부터 높은 천공의 푸른빛까지 자연스레 펼쳐졌다.

음타이의 일출, *탕가주*

음타이, *탕가주*

지난밤 빛의 향연이 오롯이 이어졌다. 이 산지는 탄자니아 북동부 지역의 지붕 우삼바라산맥(Usambara Mts.)에 속한다. 산맥의 북서쪽 끝자락에 자리한 음타이는 1,600m의 가파른 능선에 있는 산촌이다. 새벽부터 밤까지 이어지는 풍경의 변화는 보는 이의 마음을 설레게 했다.

맘보 _ Mambo

맘보, 탕가주

주민들은 자신이 이렇게 아름다운 곳에 산다는 것을 알고 있을까? 궁금해졌다. 눈을 떼고 싶지도, 발을 떼고 싶지도 않았다. 그리고 아직도 마음을 떼지 못했다.

맘보, 탕가주

■ 맘보

음타이의 남서쪽에는 조금 더 완만하고 넓은 고산지대가 있다. 그곳에 넓게 퍼져 있는 마을이 맘보다. 마을도 아름답지만 여행자에게는 맘보 뷰포인트가 유명하다. 마을의 서쪽 절벽에 있는 이 뷰포인트에 오르면 넓은 트사보(Tsavo) 평원이 내려다보인다. 그 평원 사이로 국경이 직선으로 달리는데, 그 선이 탄자니아의 음코마지(Mkomazi) 국립공원과 케냐의 트사보웨스트(Tsavo West) 국립공원의 경계

맘보 뷰포인트에서 본 트사보 평원

맘보의 아이들, *탕가주*

다. 즉, 두 국립공원은 비슷한 환경을 공유한다.

　음타이와 맘보를 여행하면 할수록 며칠이고 더 머물고 싶은 마음이 자라났다. 이곳에서 만난 사람들 때문이다. 사람들은 '사람답게' 웃고 있었다. 특히 아이들의 예쁜 눈은 보석처럼 반짝였다. 인사도 하고 사진도 보여 주며 시간 가는 줄 모른 채 아이들과 놀았다. 맘보라는 장소에 녹아드는 순간은 짧았지만 기억은 선명하다.

맘보 아이들 _ Mambo Children

맘보에서 음타이로 가는 산길에서 만난 아이들, *탕가주*

맘보에서 음타이로 가는 길은 장관이다. 길에서 만난 아이들과의 추억은 그 장관을 더욱 아름답
게 만든다. 웃음소리, 걷는 소리. 삶의 무게를 이고 가는 아이들의 소리.

■ 루쇼토 & 우삼바라산맥

　루쇼토(Lushoto)는 우삼바라산맥이 있는 탕가주 북서부 지역의 중심지다. 산지에 흩어져 있는 마을과 다르에스살람, 탕가 등 주요 도시를 연결한다. 이곳은 19세기 후반부터 20세기 초반까지 탄자니아를 지배했던 독일인들에게 인기 지역이었다. 고산의 쾌적한 기후와 양질의 토양 때문이다. 당시 독일인들은 이곳에서 커피, 차 등의 상품작물도 재배했다. 현재 루쇼토는 우삼바라산맥의 관광 중심지로 명성을 얻고 있다. 특히나 자연, 문화 관광 프로그램을 개발해 관광객들이 인근 산림과 산촌에 쉽게 접근하도록 돕고 있다.

　킬리만자로산은 화산 폭발로 형성된 젊은 산인 데 반해, 우삼바라산맥은 동부 아프리카 최고(最古) 산맥인 이스턴아크산맥(Eastern Arc Mts.)의 일부다. 땅의 일부 암석이 수억 년 전에 형성되어 그 역사가 굉장히 깊다. 3천만 년 전, 지금보다 습윤했던 그 시대에는 이곳에 넓은 우림이 있었다. 이후 기후변화로 현재만큼 건조해지면서 고도가 낮은 곳부터 건기에 적응하기 시작했다. 이에 사바나 식생이 생겨나 확장하면서 오직 고도가 높은 산지에만 우림이 남아 있는 형태가 되었다. 인도양에서 불어오는 바람이 산지와 만나면서 내린 강수도 산림을 유지하는 데 영향을 미쳤다. 그렇게 수천만 년간 산림을 간직한 우삼바라산맥은 다른 산지와의 연결성이 끊기면서 생물학적 고유성이 높아졌다.

이렌테 뷰포인트에서 본 절벽 아래의 산촌, *탕가주*

이렌테 뷰포인트 바로 밑의 절벽을 내려다보면, 절벽과 평원이 만나는 완만한 산사면이 있다. 이곳에 세워진 집은 동화에나 나올 법한 풍경으로 둘러싸여 있다.

루쇼토, *탕가주*

루쇼토에서 가장 기억에 남는 것은 시장 안에 있던 어느 식당이다. 차파티와 달콤한 밀크티를 파는 곳인데 가격이 각각 100원이었다. 그 맛이 훌륭해서 두 번이나 찾아갔었다.

루쇼토에서 세게라(Segera)로 가는 B1 도로 주변의 사이잘 농장

루쇼토에서 다르에스살람으로 가는 길은 350km에 이른다. 이 먼 길을 가는 동안 식생도, 행정 구역도, 민족의 구성도 바뀐다. 버스 맨 앞에 앉아 이를 지켜 보는 일은 매우 흥미롭다. 특히 몸보(Mombo) 인근의 사이잘(Sisal) 플랜테이션이 인상적이었다.

우삼바라산맥 인근의 B1 도로

우뚝 솟은 우삼바라산과 그 아래에 펼쳐지는 들판이 멋진 대조를 이룬다. 그리고 가끔 마주치는 도로의 굴곡과 가로수는 단조로운 경관에 개성을 더했다.

다르에스살람에서 100km 정도 서쪽으로 떨어진 샬린지(Chalinze)를 지나면서 교통량과 인구 밀도가 증가했다. 이 도로는 모로고로와 다르에스살람을 연결한다.

다르에스살람으로 가는 A7 도로 인근의 터미널과 시장

다르에스살람에 가까워질수록 좁은 2차선 도로에는 버스와 승용차가 가득했다. 길 양옆을 따라 마을, 시장, 공장, 농장 등이 끊임없이 이어졌다.

다르에스살람 카리아쿠 _ Kariakoo in Dar es Salaam

카리아쿠 콩고스트리트(Congo Street), 다르에스살람

셀 수 없이 많은 사람이 모이는 카리아쿠 시장. 동남부 아프리카의 시장 중에서는 규모가 꽤 큰 편에 속한다. 길거리 노점상, 상가의 상점, 골목의 구멍가게 등 종류도 다양하다. 사람과 물건이 복잡하게 뒤엉킨 그곳에서 나는 휩쓸리듯 걸어 다녔다.

■ 탄자니아의 옛 수도 다르에스살람

 케냐의 나이로비와 함께 동부 아프리카에서 가장 큰 도시 중 하나가 다르에스살람(Dar es Salaam)이다. 1980년대에 도도마로 수도를 옮기기 전까지 탄자니아의 수도였다. 수도 이전 후에도 계속 성장한 도시는 여전히 국가 경제의 중추다. 또한 서쪽 국경에 접한 르완다, DR 콩고, 잠비아 등의 내륙 국가를 오가는 물류의 거점이다. 하지만 급격한 도시화로 인한 슬럼과 환경 악화 등의 도시문제도 보인다.

 아랍 지역을 여행한 사람이라면 귀에 익었을 단어 '살람', 아랍어의 기본 인사 '앗살람 알라이쿰(평화를 당신에게)'에도 있는 단어다. 다르에스살람 또한 이 단어를

다르에스살람

공유한다. 하지만 이곳은 다르에스살람(the abode of peace, 평화의 집)이라는 이름이 기원하는, 이른바 평화가 깃든 도시인 것만은 아니다. 치안이 좋지 않다고 알려졌기 때문이다. 여행자들이 이 도시를 스쳐 지나가는 이유이기도 하다. 하지만 나는 꽤 오래 머물렀다. 다양한 문화권의 사람들이 오래 공존했던 이 도시에는 그 다양성이 모자이크처럼 담겨 있다. 도심 깊숙한 곳의 키수투(Kisutu) 지역에는 스와힐리와 아랍의 향이 좁은 골목길로 스며든다. 도심 남서쪽의 카리아쿠 지역에는 토산물과 상품이 쏟아지는 시장이 있고, 북동쪽의 키부코니(Kivukoni) 지역에는 정돈된 구역 안에 행정 및 금융기관들이 자리한다.

다르에스살람 도심

우붕고(Ubungo) 터미널은 다르에스살람에서 가장 유동인구가 많은 곳 중 하나일 것이다. 그 이유는 정부가 다른 지역에서 오가는 거의 모든 버스를 도심에서 서쪽으로 약 9km 정도 떨어진 이곳에서 승하차하도록 정했기 때문이다.

정부의 이러한 결정은 여행자로서 불편하게 느껴졌다. 그래서 도심으로 들어가는 시외버스가 있는지 찾아보기도 했다. 하지만 결국, 현지인과 섞여 우붕고로 가기로 했다. 예상했던 불편함과는 달리 우붕고 터미널은 잘 정돈되어 이용하기에 편리했다.

오이스터베이의 코코비치(Coco Beach), *다르에스살람*

마사키(Masaki)와 오이스터베이(Oyster Bay)는 동부 아프리카 비자를 알아보기 위해 찾아갔던 르완다 대사관이 있는 지역이다. 이곳은 식민 시절부터 외국인의 주거지역이었는데 지금도 대사관과 국제기구가 밀집해 있다. 위의 사진은 마사키의 동쪽 해안인 코코비치다.

키부코니의 음지지마 수산시장, *다르에스살람 일랄라(Ilala)*

다르에스살람의 항구는 내륙으로 깊게 들어온 만에 있다. 내륙에서 해안으로 나가는 방향의 순서대로 대형선박의 항구, 잔지바르 여객 터미널, 키감보니(Kigamboni) 여객 터미널이 이어진다. 대양과 만나는 좁은 입구에는 음지지마(Mzizima) 수산 시장이 있다.

잔지바르 _Zanzibar

탄자니아의 동쪽 바다에 있는 잔지바르 제도(Zanzibar Archipelago)는 운구자섬(Unguja I.)과 펨바섬(Pemba I.)을 비롯해 주변의 작은 섬들을 모두 포함한다. 그중 가장 큰 섬이 잔지바르섬으로 잘 알려진 운구자섬이다. 잔지바르란 페르시아어로 'black coast(검은 해안)'를 의미한다. 이 검은 해안에 도대체 무슨 비밀이 숨겨져 있길래 그렇게나 많은 사람이 잔지바르를 찾는 것일까. 나 또한 그 이유를 궁금해하며 잔지바르로 가는 대열에 합류했다.

스톤타운, 잔지바르 도시서부주(Urban/West Region)

다르에스살람에서 탄 여객선은 운구자섬의 중심 도시인 잔지바르시티(Zanzibar City)의 항구로 향했다. 잔지바르섬은 탄자니아에 속해 있지만 자치령이기 때문에 여권 확인과 함께 별도의 입국심사를 거쳐야 했다. 그리고 들어선 잔지바르시티. 그곳은 함께 걸었던 이가 말했듯 영화 속 배경과 같은 곳이었다.

경이로운 집(왼쪽)과 오래된 요새(오른쪽), *잔지바르시티 스톤타운*

■ 스톤타운(석조도시)

잔지바르시티의 구시가지 스톤타운(Stone Town). 구불구불 얽혀 있는 좁은 골목길에 사람들이 서로를 스치듯이 걸어 다녔다. 건물과 건물 사이, 사람과 사람 사이의 거리가 가까웠던 만큼, 그들의 수많은 이야기도 서로 얽혀 있었다.

스톤타운의 경관은 고즈넉했고 동시에 강렬했다. 골목길 구석구석에는 정교한 조각으로 꾸며진 고풍스러운 건물들이 이어졌다. 역사적인 건물들은 그 사이로 난 길을 따라 걸었던 유랑자에게 중요한 이야기를 전해 주었다. 오랫동안 다양한 문화를 주고받았던 현장으로서의 스톤타운은 그 자체로 융합의 산물이라는 이야기였다. 이는 역사의 뒤안길이 아닌, 공간의 창조와 같은 새로운 주제였다.

최소 2만 년 전부터 사람들이 살았던 잔지바르. 고대 페르시아인들이 이 섬을 중동과 인도, 아프리카 사이의 중계무역 기지로 삼으면서 도시로 성장했다. 16~17세기 포르투갈의 점령 후, 유럽의 영향을 받기 시작했다. 19세기는 오만 제국의 수도와 잔지바르 왕국의 수도를 거쳐 영국의 보호령이 되었다. 1963년 영국이 물러가고 1964년 잔지바르 혁명으로 공화국이 되었다가, 같은 해에 이웃 나라인 탕가니카와 연합하여 탄자니아공화국의 자치령이 됐다.

이렇게 잔지바르의 역사에는 아주 멀리 떨어진 왕국과 지역의 이름들이 등장한다. 그 이름들을 통해 다양한 문화가 잔지바르에서 만났고, 동부 아프리카의 스와

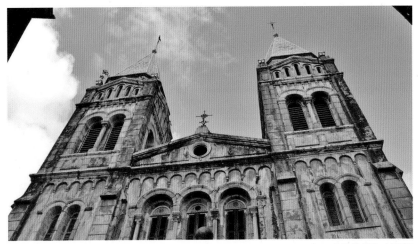

성 요셉 성당, 스톤타운

힐리 문화와 상호작용을 겪었다는 것을 알 수 있다. 그러한 역사가 잔지바르의 스톤타운에 남아 있다. 작은 사료들부터 시작해서 전체적인 도시경관까지 모두가 문화적 교차로와 같았던 잔지바르의 역사에 대한 증거다. 오래된 요새(Old Fort), 경이로운 집(House of Wonders), 성 요셉 성당(St Joseph's Catherdral), 술탄 왕궁(Palace Museum 'Beit-el-Sahel'), 노예 박물관(Slave Chambers), 성공회 대성당(Anglican Cathedral) 등 많은 건축물이 그렇다.

술탄 왕궁이었던 왕궁 박물관, 스톤타운

조스코너(Jaws Corner), 스톤타운

■ 스톤타운과 노예제도의 역사

종교와 문화를 초월할 만큼 많은 유적이 밀집한 이곳 스톤타운. 그 면적은 좁지만 길이 내뿜는 역사의 기운은 강했다. 그리고 역사적인 길 위에서 현재를 살아가는 사람들의 모습은 활기차면서도 차분했다. 해가 지는 어두운 저녁에는 골목길에 검은 그림자가 드리우지만, 그것마저 운치가 넘쳤다. 밤에도 여전히 길을 서성이는 사람들을 따라 나도 어디론가 걸었다.

하맘니(Hamamni) 공중목욕탕, 스톤타운

　미로처럼 연결되는 이 골목길은 역사를 대변하는 듯하다. 어쩌면 그 미로의 가장 난해한 부분이 노예제도일 것이다. 무역의 중심지였던 잔지바르에서 노예 거래도 활발했다. 그래서 유럽과 아랍 상인의 왕래가 잦았던 이곳에서는 리빙스턴을 비롯한 노예제도에 반대했던 유럽인들의 활동 역시 많았다. 영국인에 의해 노예무역이 끝나면서 성공회 대성당이 잔지바르의 마지막 노예시장이 있던 자리에 만들어졌다. 그렇게 잔지바르는 유럽인에 의한 동부 아프리카 노예무역 종식의 상징이 되었다. 그러나 함께 알아 두어야 할 것은 노예제도 종식 전후로 유럽인들에 의해 이루어진 다른 종류의 정치적 간섭과 경제적 침탈이다. 시대적 변화와 결부된 노예제도의 종식은 겉모습만 변형되어 유럽과 아프리카의 종속 관계로 이어졌다.

　아프리카의 역사란 무엇인가? 언제쯤이면 서구의 시선이 아닌 현지 사람들이 써 내려간 역사를 읽을 수 있는가? 역사의 한 조각이고, 책의 한 지면을 차지하면 그뿐인가? 지배했던 국가와 지배당했던 국가의 관계는 어디로 향해야 하는가? 갑작스럽게 떠오른 영화 〈호텔 르완다〉와 〈블러드 다이아몬드〉. 복잡한 국제관계 속에서 벌어지는 부족 전쟁과 자원 전쟁을 그린 이 영화들이 잔지바르와 겹치는 것은 우연이 아니다. 정치권력의 흥망성쇠와 경제적 부의 흐름과 함께, 시대와 공간에 따라 달라지는 역사 해석은 깊게 생각해야 할 주제들이다.

■ 스톤타운의 저녁

　해 질 녘, 스톤타운 서쪽 해안에 있는 포로다니가든스(Forodhani Gardens)를 찾아갔다. 아이들은 어두워질 때까지 바다에서 뛰어놀고, 일을 마친 어부들은 배를 정리하고 있었다. 정원 인근에는 잔지바르의 야시장이 열렸다. 해산물을 비롯한 다양한 먹거리는 잔지바르만의 향기를 물씬 풍겼다. 그리고 현지인과 외국인이 섞이며 밤이 깊어질 때 그 향기는 더 짙어졌다.

스톤타운의 야시장

카루메(Karume) 기념물 주변 카룸로드(Karum Road), *잔지바르시티 은감보*

■ 은감보

　잔지바르시티는 크게 스톤타운과 은감보(Ng'ambo)로 나뉜다. 두 지역을 구분하는 길이 벤자민음카파로드(Benjamin Mkapa Road)다. 이 도로에 섰을 때 눈에 비치는 두 지역의 경관은 대조적이다. 스톤타운은 미로 같은 좁은 골목길이 가득한 구도심이지만, 은감보는 길이 넓고 토지 이용도 다양한 신도심이다. 'Ngambo' 란 바깥쪽, 다른 쪽을 의미한다.

잔지바르시티의 동부 교외지역

파제 _ Paje

파제, 잔지바르 남운구자주(Unguja South Region)

깨끗하고 투명한 바다를 걸어 다니다가 조개껍데기에 발가락을 베였다. 그때 나무배를 긴 막대 하나로 움직이던, 한 아저씨의 도움으로 해변 가까이 갈 수 있었다. 그의 뒷모습은 내가 기억하고 있는 탄자니아의 '명장면' 중 하나다.

파제, 잔지바르 남운구자주

■ 잔지바르의 해안

2013년 케냐에 발을 디뎠을 때부터 숱하게 들었을 정도로, 이웃 나라 탄자니아에 있는 잔지바르의 명성은 대단했다. 너무 궁금해 사진도 수차례 찾아보았다. 하얀 모래와 에메랄드빛 바다가 펼쳐지는 자연 본연의 모습이었다. 하지만 무조건 가야겠다고 생각하지는 않았다. 아름다운 열대 해안은 적도 해안의 특징이었다.

하지만 잔지바르 바다의 '실물'을 본 순간 나는 할 말을 잃었다. 하와이(미국), 발리(인도네시아), 보르네오(브루나이와 말레이시아), 라무(케냐), 가든 루트(남아공), 아말피 해안(이탈리아) 등 세계에서 내로라하는 해안을 다녀왔다. 그러나 잔지바르는 그중 최고였고, 믿기 어려울 정도로 아름다웠다.

때론 아프리카의 자연에 대해 짧게 설명해 달라고 요구받을 때가 있다. 그럴 때마다 나는 사진에 대해 말한다. 아프리카의 자연 앞에 카메라를 들고 서면, 어떻게 '잘' 담을지 고민하지 않는다고. 다만 어떻게 '그대로' 담을지를 고민한다고.

우리나라에서는 줄곧 '멋진 사진'을 위해 고민해 왔다. 대학생 시절 지리 관련 콘텐츠를 만들던 당시, 멋진 사진을 위한 각도와 시선을 찾아다녔다. 그런데 아프리카에서는 다른 고민을 하게 된다. 어떻게 저 모습을 '그대로' 담을지 말이다. 카메라 렌즈로는 도저히 감당할 수 없는 스케일의 장관이 펼쳐지면 그저 눈으로만 보게 된다. 때론 그 인간의 시야조차 부족하게 느껴진다.

파제, 잔지바르 남운구자주

■ 파제

　그 수많은 예시 중 하나가 잔지바르섬, 그중에서도 파제 해안이다. 파제(Paje)는 스톤타운 동쪽 50km 지점에 있는 해안 마을이다. 아쉽게도 나의 사진들은 내가 느꼈던 그 숨 막히는 아름다움을 전달하지 못한다. 그 아름다움이란 자연의 미와 인간의 미가 어우러진 것이었다. 자연과 인간의 공존 자체가 하나의 아름다움이었다. 광대하고 깨끗한 하나의 아름다움 말이다.

　파제의 풍경은 3차 동남부 아프리카 유랑에서 받은 마지막 선물이었다. 지리 답사를 위해 노력했던, 그리고 아프리카를 유랑하면서 힘들었던 많은 시간이 머릿속을 스쳐 지나갔다. 이전까지는 늘 자신을 다그쳐 왔다. 더 나은 사람이 되라면서. 그러나 이곳에서만큼은 자신에게 위로를 건넸다. 여기까지 오느라 고생했다고. 순간의 위로, 그리고 그 위로를 불러일으킨 파제의 풍경은 탄자니아가 준 잊지 못할 선물이었다.

　그 선물을 안고 한국으로 돌아오는 길.
　마음속에는 이유 모를 눈물만이 가득했다.

탄자니아에서 한국으로 오는 비행기에서

아프리카, 세 번째 끝

지금까지 아프리카에 쏟은 나의 청춘은
아프리카 앞에서 아무것도 아니었다.

다만 이뿐이다.

내가 잠시 아프리카에 존재했고,
쏟아부운 것 이상으로 많이 배웠고,
언젠가 또 올 것을 약속하며 떠났다는 것.

에필로그

"검게 그을렸다. 수년 전, 그곳에서 오랜 시간을 보냈던 나의 피부 말이다. 두 벌의 짧은 옷만 번갈아 입었고, 그 옷으로 가려지지 않은 곳은 늘 태양과 마주했던 탓이다. 피부 아래, 깊게 숨어 있던 뇌와 심장에도 태양의 열기가 닿았다. 그렇게 새로운 땅과 하늘을 온몸으로 느끼면서, 천천히 아프리카의 곁에 서게 되었다."

(손휘주, 2017)

그 태양의 열기가 가장 뜨거웠던 2013년 10월 30일의 케냐. 남서부의 우림 지역에는 한낮이면 거친 소나기가 내렸지만, 북부의 건조 지역에는 낙타가 메마른 강바닥을 거닐던 시기였다. 북서부 지역 답사를 위해 이시올로에서 왐바를 지나 마랄랄로 향했다. 어두워지기 전에 도착해야 한다는 나만의 안전 규칙이 있어 첫차를 탔지만, 비포장도로인 데다 거리가 멀어 무리였다. 그러나 아름다운 노을을 보는 순간, 한없이 행복했다. 그리고 생각했다. 이곳의 이야기를 사람들과 나누어야겠다고. 그 순간의 사진이 이 책의 첫 번째 사진이다.

난 평범했다. 아는 것이 거의 없는 대학교 2학년을 앞둔 휴학생이었다. 케냐를 다녀온 후로도 평범한 학생이었다. 그러나 아프리카에서 느낀 감정과 배웠던 것들은 더욱 선명해졌다. 창문으로 적도의 하늘을 보게 하기보다는 쏟아지는 소나기를 맞으며 뛰게 했다. 국립공원의 울타리로 품기보다는 가이드북에 없는 마을로 이끌었다. 예상치 못한 발걸음과 생각을 만들어 낸 아프리카는 특별했고 소중했다. 그래서 기록했다. 할 수 있는 것은 몇 장의 사진과 글을 남기는 것뿐이었지만.

2016년 11월, 세 번째 아프리카 여행에서 한국으로 돌아와 지도를 그리며 사진을 정리했다. 2017년 1월부터 글을 써 내려갔다. 같은 해 6월, 출판사에 문을 두드렸다. 원고를 시작한 지 어느덧 1년이 지나 2018년 3월이 되었다. 이제는 익숙할 법하지만, 아프리카 이야기는 여전히 심장을 울린다. 많은 사람도 그곳의 가치를 알아가기를 희망한다. 아프리카 사람들과 그들의 공간을, 우리 자신과 집만큼 소중히 생각하게 되기를 바란다.

이 책이 나올 수 있었던 것은 아프리카뿐만 아니라 한국에 있는 많은 사람이 도와주었기에 가능했다. 아프리카 답사에 격려를 아끼지 않았던 가족과 친척, 교수님과 선생님, 친구와 지인에게 고마움을 전한다. 건국대학교 지리학과의 최영은 교수님께서는 아프리카 지리답사에 직접 후원해 주시고 출판까지 이끌어 주셨다. 윤신원 선생님과 권태룡 선생님께서는 아프리카 답사에 특별한 관심으로 후원해 주셨다. 친구 김정민은 오랜 시간 아프리카 유랑에 관한 수많은 고민을 들어 주며 앞으로 나아가도록 도와주었다.

김건아, 이동수, 이동휘, 이세희, 이희락, 이지희, 박은선, 김유진, 김수회, 진정미, 이난희, 권순이, 이정수, 선주연, 김미숙, 방주연, 서지원, 김승이, 은희창, 류승훈, 정욱종 님에게 감사한다. 이어 송경호, 장성익, 유동혁, 성한별, 곽예린, 유재민, 김병학, 황다솜, 이혜성, 곽병민, 조서영, 김경민, 김유진, 김정모, 한누리, 이상현, 김정인, 박미나, 김대흥, 최준형, 정호수, 권동욱, 신동민, 박경호, 김보미, 최홍범, 박소원, 김향숙, 서지원, 이용수, 이진영, 김영규, 박아현, 양한솔, 김다솜, 김아영, 박소라, 김정섭, 임윤호, 박상희, 김영민, 김진우, 윤준식, 신희연, 탁다인, 최애성, 최세빈, 강성재, 전세화, 백광열, 이윤주, 조예진, 이선주, 장수훈, 이지선, 김윤정, 김관웅, 양은비, 한이한, 강준회. 나의 아프리카 유랑을 후원해 주신 분들이다. 이 분들께도 감사의 인사를 드린다.

건국대학교, 외교부 서포터즈, 한국관광공사 기자단, 문체부 한국문화정보원 기자단, 알에이치코리아, 유네스코 한국위원회와 기아자동차의 글로벌워크캠프, 기상청 기자단, 한-아세안센터 기자단 등 여러 기관에서 만나 함께 활동하며 아프리카 유랑을 응원해 준 지인들도 큰 힘이 되었다. 백악산 한양도성의 직원들과 지원 근무자분들도 많은 도움을 주었다.

아프리카에서 만난 수많은 아프리카 사람은 이 책의 주인공이자, 유랑을 가능하게 했던 사람들이다. 또한 직접 후원을 해준 아프리카 여행자분들도 적지 않다. I would like to thank everyone who met and helped me in Africa. Especially, I thank Swamp(South Africa), Simone Tobler(Switzerland), Yolanda Romero(Spain), Sophie roman(United Kingdom), Maritta Torn(Finland), Luc Compernol(Belgium), Lisa Jarle(Germany), Yannick morias(Belgium), Lain Ritchie(New Zealand) and Malin Palsson(Sweden). I'll never forget your help and support. 현지의 지리 문헌을 모으는 데 도움을 많이 받았다. 케이프타운의 'Select Books'와 'Clarkes Bookshop,' 빈트후크의 'Orumbonde Books,' 블랜타이어의 'Central Africana Bookshop,' 잠비아·말라위·탄자니아의 중고서점들까지, 소중한 책과 지도를 찾거나 국제우편을 보내는 데 많은 도움을 주었다. 잠비아에서 만난 이정우 님과 황백록 님이 그간 모았던 책들을 흔쾌히 한국으로 가져다주어 큰 짐을 덜 수 있었다.

이 책은 푸른길 출판사의 김선기 대표님이 아니었다면 출간할 수 없었을 것이다. 한 학생의 부족한 사진과 글이 가득했던 원고를 책다운 책으로 만들어 주신 대표님과 편집진분들에게 진심으로 감사드린다.

수백 장의 원고를 모두 읽어 주며 아낌없이 조언해 준 친구 류승연에게 고마움을 전한다. 세세한 교정부터 날카로운 비판까지, 오랜 시간 도와주었기에 더 나은 책을 만들 수 있었다.

마지막으로, 가족은 지리답사의 출발점이었다. 지리학을 시작할 수 있었던 것은 부모님과 함께했던 어린 시절의 여행 경험 덕분이었다. 아버지께 들었던 자연과 인생에 관한 시(詩), 그리고 어머니께 배웠던 알뜰한 여행 노하우는 내 모든 답사의 밑바탕이었다. 아프리카를 갈 때마다 걱정해 주고 응원해 준 누나에게도 고맙다는 말을 전한다.

2018년 3월
손휘주

참고 자료

〈개관〉

단행본/논문/보고서

Adams, W. M., Goudie, A. S. and Orme, A. R. (eds.), 1996, *The Physical Geography of Africa*, Oxford: Oxford University Press.

Attoh, S. A. (ed.), 2010, *Geography of Sub-Saharan Africa* (3rd Edition), Upper Saddle River, NJ: Pearson Prentice Hall, pp. 1-20.

Chorowicz, J., 2005, "The East African rift system," *Journal of African Earth Sciences*, 43, 379–410.

Cole, R. and De Blij, H. J., 2007, *Survey of Subsaharan Africa: A Regional Geography*, New York: Oxford University Press, pp. 1-118.

Dinar, A. et al., 2008, *Climate Change and Agriculture in Africa: Impact Assessment and Adaptation Strategies*, London: Earthscan, pp. 11-38.

Heine, B. and Nurse, D. (eds.), 2000, *African Languages: An Introduction*, Cambridge: Cambridge University Press.

Hess, D., 2010, *McKnight's Physical Geography: A Landscape Appreciation* (10th Edition), Pearson.

Kiage, L. M., 2013, "Perspectives on the assumed causes of land degradation in the rangelands of Sub-Saharan Africa," *Progress in Physical Geography*, 37(5), 664–684.

Knox, A., 2011, *The Climate of the Continent of Africa*, New York: Cambridge University Press.

Martyn, D., 1992, *Climates of the world (Developments in atmospheric science, vol. 18)*, Amsterdam: Elsevier, pp. 199-261.

Nettle, D. and Romaine, S., 2000, *Vanishing Voices: The Extinction of the World's Languages*, New York: Oxford University Press, p. 37.

Peel, M. C., Finlayson, B. L. and McMahon, T. A., 2007, "Updated world map of the Köppen-Geiger climate classification," *Hydrology and Earth System Sciences Discussions, European Geosciences Union*, 11(5), 1633-1644.

Wolff, E., 2016, *Language and Development in Africa: Perceptions, Ideologies and Challenges*, New York: Cambridge University Press, pp. 172-176.

김광수, 2003, "아프리카 역사학의 구전전통의 중요성," Asian Journal of African Studies, 16, 27–52.

김다원·한건수, 2012, "'사실'과 '재현'의 관점에서 아프리카 다시 보기: 초·중학교 사회 교과서 아프리카 서술 내용을 중심으로," 대한지리학회지, 47(3), 440–458.

김소순·조철기, 2010, "중학교 사회 교과서에 나타난 이데올로기 및 편견 분석: 서남아시아 및 아프리카 단원을 중심으로," 중등교육연구, 58(3), 87–112.

김춘식·채영길·정낙원, 2015, "한국 미디어의 아프리카 묘사 방식과 수용자 인식에 관한 탐색적 연구," 국제지역연구, 18(5), 219–252.

박선미·우선영, 2009, "사회교과서에 나타난 국가별 스테레오타입: 제7차 고등학교 사회교과서 중 일반사회 영역을 중심으로," 사회과교육, 48(4), 19–34.

박지훈·이진, 2012, "제3세계를 재현하는 다큐멘터리에 대한 제작자와 수용자의 시선: MBC 〈아프리카의 눈물〉을 중심으로," 방송과 커뮤니케이션, 13(4), 83–122.

스펜서 웰스(Spencer Wells), 2007, 인류의 조상을 찾아서: 제노그래픽 프로젝트, 채은진(역), 말글빛냄.

엘렌 달메다 토포르(Héléne d'Almeida-Topor), 2010, 아프리카: 열일곱 개의 편견, 이규현·심재중(역), 한울아카데미.

월레 소잉카(Wole Soyinka), 2017, 오브 아프리카, 왕은철(역), 삼천리.

이성재, 2011, "아프리카 역사의 역사교육적 가치," 동국사학, 50, 421-457.

장 졸리(Jean Jolly), 2016, 지도로 보는 아프리카 역사: 그리고 유럽 중동 아시아, 인류의 기원부터 현재까지, 이진홍·성일권(역), 시대의창.

장태상, 2005, "아프리카의 문자 체계," Asian Journal of African Studies, 19, 127-154.

재레드 다이아몬드(Jared Diamond), 2013, 총, 균, 쇠, 김진준(역), 문학사상, pp. 580-616.

제이미 슈리브(Jamie Shreeve), "수수께끼에 싸인 고대 인류," 내셔널지오그래픽(한글판), 10월, 2015.

조원빈, 2012, "한국의 아프리카 연구 동향," 아시아리뷰, 2(2), 129-148.

존 리더(John Reader), 2013, 아프리카 대륙의 일대기: 거대한 대륙이 들려주는 아프리카 역사의 모든 것, 남경태(역), 휴머니스트.

케네스 C. 데이비스(Kenneth C Davis), 2003, 지오그래피, 이희재(역), 푸른숲, p. 138.

패트릭 모리스(Ptrick Morris), 2005, 야생의 아프리카(BBC 자연사 다큐멘터리 4), 이상원(역), 사이언스북스.

하름 데 블레이(Harm de blij), 2007, 분노의 지리학: 공간으로 읽는 21세기 세계사, 유나영(역), 천지인, pp. 390-421.

한건수, 2013, "한국의 아프리카 지역연구: 주제별 현황과 방법론적 성찰," 아시아리뷰, 3, 159-193.

황규득, 2016, "한국의 아프리카 지역연구: 현황과 과제," 한국아프리카학회지, 47, 157-181.

웹사이트

CIA The World Factbook, "Field Listing: Elevation," https://www.cia.gov/library/publications/the-world-factbook/fields/2020.html.

Colleage of Urban & Public Affaires: Economics(Portland State University), "Country Geography Data: Physical geography," https://www.pdx.edu/econ/country-geography-data.

Dickson, K. B. et al., 2018, "Africa(continent)," Last updated: 2018. 2. 22., Encyclopædia Britannica, https://www.britannica.com/place/Africa.

Ethnologue(by SIL International), "How many languages are there in the world?," https://www.ethnologue.com/guides/how-many-languages.

Wikipedia, "Continent," Last updated: 2018. 2. 20., https://en.wikipedia.org/wiki/Continent#Area_and_population.

외교부 해외안전여행, "국가별 기본정보 : 아프리카 국가," http://www.0404.go.kr/dev/country.mofa?idx=&hash=&chkvalue=no2&stext=&group_idx=7&alert_level=0. (Accessed: 2018. 1.)

〈남아프리카공화국〉

단행본/논문/보고서

Attoh, S. A. (ed.), 2010, *Geography of Sub-Saharan Africa* (3rd Edition), Upper Saddle River, NJ: Pearson Prentice Hall, pp. 265-281.

Catuneanu, O. et al., 2005, "The Karoo basins of south-central Africa," *Journal of African Earth Sciences*, 43, 211–253.

Cohen, S. et al., 2013, *Platinum Geography: Learner's Book*, Pearson Marang.

Cole, R. and De Blij, H. J., 2007, *Survey of Subsaharan Africa: A Regional Geography*, New York: Oxford University Press, pp. 590-593.

Conley, A. and Van Niekerk, P., 2000, "Sustainable management of international waters: The Orange River case," *Water Policy*, 2, 131-149.

Hamilton, G. N. G. and Cooke, H. B. S., 1960, *Geology for South African Students : An Introductory Text-book* (4th Edition), Johannesburg: Central News Agency, pp. 185-337.

Iziko Social History Collections department(Iziko Museums), "Mapping Bo-Kaap: History,

Memories and Spaces."

Kleynhans, C. J., Thirion, C. and Moolman, J., 2005, "A Level I River Ecoregion classification System for South Africa, Lesotho and Swaziland," Pretoria: Resource Quality Services, Department of Water Affairs and Forestry(South Africa).

Kotze, N. J., 2013, "A community in trouble? The impact of gentrification on the Bo-Kaap, Cape Town," *Urbani izziv*, 24(2), 124-132.

Lester, A., 1998, *From Colonization To Democracy: A New Historical Geography of South Africa*, London and New York: I.B. Tauris, pp. 15-19.

Narsiah, S., 2011, "Urban Pulse—The Struggle for Water, Life, and Dignity In South African Cities: The Case of Johannesburg," *Urban Geography*, 32(2), 149-155.

Norman, N. and Whitfield, G., 2006, *Geological Journeys: A Traveller's Guide to South Africa's Rocks and Landforms*, Cape Town: Struik, pp. 106-125.

Nowakowski, K., "Sustaining Our Cities," *National Geographic*, May, 2017.

Peel, M. C., Finlayson, B. L. and McMahon, T. A., 2007, "Updated world map of the Köppen-Geiger climate classification," *Hydrology and Earth System Sciences Discussions, European Geosciences Union*, 11(5), 1633-1644.

Rinehart, M. A. (ed.), 2001, *Oriental-Occidental Geography, Identity, Space: Proceedings(2001 ACSA International Conference, Istanbul, Turkey)*, Washington, DC: ACSA Press, pp. 69-72.

Table Mountain National Park management. et al., 2015, "Table Mountain Mountain National Park: Park Management Plan(For the period, 2015-2025)."

Western, J., 2002, "A divided city: Cape Town," *Political Geography*, 21(5), 771-716.

Yeong-Hyun, K. and Short, J., 2007, *Cities and Economies*, Abingdon and New York: Routledge, pp. 148-149.

김정민 외 5명, 2015, "아프리카 국별 연구시리즈 : 남아프리카공화국," 아프리카미래전략센터.

웹사이트

Brand South Africa, "South Africa's weather and climate," https://www.brandsouthafrica.com/tourism-south-africa/travel/advice/south-africa-weather-and-climate#.UwooyUJdWrg. (Accessed: 2017. 5.)

Cape Town Tourism, http://www.capetown.travel/.

Constantia Valley(Cape Peninsula Marketing), http://www.constantiavalley.com/.

Cooks, J., Wellington, J. H. and Harringh, P. S., Encyclopædia Britannica, "Orange River," Last updated: 2018. 1. 25., https://www.britannica.com/place/Orange-River.

Department of Water and Sanitation(South Africa), http://www.dwa.gov.za/default.aspx.

Frith, A. (ed.), "Bakoven(Sub Place 199041047 from Census 2011 of Statistics South Africa)," https://census2011.adrianfrith.com/place/199041047. (Accessed: 2017. 5.)

Frith, A. (ed.), "Camps Bay(Sub Place 199041046 from Census 2011 of Statistics South Africa)," https://census2011.adrianfrith.com/place/199041046. (Accessed: 2017. 5.)

Frith, A. (ed.), "Soweto(Main Place 798026 from Census 2011)," https://census2011.adrianfrith.com/place/798026. (Accessed: 2017. 5.)

Gauteng Tourism Authority, "Hector Pieterson Memorial and Museum," https://www.gauteng.net/attractions/hector_pieterson_memorial_and_museum/.

Joburgtourism, http://www.joburgtourism.com/.

News24, "Morocco tops new survey on quality of African urban life," 2017. 2. 20., http://www.news24.com/Africa/News/morocco-tops-new-survey-on-quality-of-african-urban-life-20170222.

Pongracz, E., "The Colours of Bo-kaap," This Life in Trip, http://www.thislifeintrips.com/capetown-colours-of-bo-kaap/.

South African History Online, "A history of Soweto," Last updated: 2017. 5. 20., http://www.
sahistory.org.za/places/soweto.

South African Tourism, http://www.southafrica.net/za/en/landing/visitor-home. (Accessed: 2017. 5.)

Statistics South Africa, "City of Cape Town, ranking by population size(Census 2011)," http://www.
statssa.gov.za/?page_id=1021&id=city-of-cape-town-municipality. (Accessed: 2018. 1.)

Statistics South Africa, "City of Johannesburg, ranking by population size(Census 2011)," http://
www.statssa.gov.za/?page_id=993&id=city-of-johannesburg-municipality. (Accessed: 2018.
1.)

Statistics South Africa, "Imizamo Yethu(Census 2011)," http://www.statssa.gov.za/?page_
id=4286&id=333. (Accessed: 2018. 1.)

Statistics South Africa, "Khayelitsha(Census 2011)," http://www.statssa.gov.za/?page_
id=4286&id=328. (Accessed: 2018. 1.)

UNESCO World Heritage Centre, "Cape Floral Region Protected Areas," http://whc.unesco.org/
en/list/1007/.

UNESCO World Heritage Centre, "Robben Island," http://whc.unesco.org/en/list/916/.

Wikipedia, "Suburbs of Johannesburg," Last update: 2018. 2. 2., https://en.wikipedia.org/wiki/
Suburbs_of_Johannesburg.

〈나미비아〉

단행본/논문/보고서

Bureau of Democracy, Human Rights and Labor(USDS), 2017, "International Religious Freedom
Report for 2016: Namibia," USDS(United States Department of State).

Goudie, A. S. and Viles, H., 2014, *Landscapes and Landforms of Namibia*, Dordrecht: Springer, pp.
121-129.

Grünert, N., 2014, *Namibia--fascination of Geology: A Travel Handbook* (7th Edition), Windhoek:
Klaus Hess Publishers, pp. 158-226.

Hanson, E., 2007, *Canyons*, New York: Infobase Publishing, pp. 127-138.

Ilcan, S. and Lacey, A., 2011, *Governing the Poor: Exercises of Poverty Reduction, Practices of Global
Aid*, Montreal: McGill University Press, pp. 150-175.

Lemon, A. (ed.), 2017, *Geography and Economy in South Africa and its Neighbours*, Routledge.

Mvondo, F., Dauteuil, O. and Guillocheau, F., 2011, "The Fish River canyon (Southern Namibia):
A record of Cenozoic mantle dynamics?," *Comptes Rendus Geoscience*, 343(7), 478–485.

Oermann, N. O., 1999, *Mission, Church and State Relations in South West Africa Under German
Rule(1884-1915)*, Stuttgart: Franz Steiner Verlag, p. 122.

Sarkin, J., 2011, *Germany's Genocide of the Herero: Kaiser Wilhelm II, His General, His Settlers, His
Soldiers*, Suffolk: Boydell & Brewer Ltd., pp. 1-16.

Söderbaum, F. and Taylor, I. (eds.), 2008, *Afro-regions: The Dynamics of Cross-border Micro-
regionalism in Africa*, Stockholm: Nordiska Afrikainstitutet, pp. 53-73.

Steinbrink, M. et al., 2016, *Touring Katutura!: Poverty, Tourism, and Poverty Tourism in Windhoek,
Namibia*, Universitätsverlag Potsdam, pp. 28-34.

웹사이트

Bureau of Democracy, Human Rights and Labor(USDS), "International Religious Freedom Report
for 2016," https://www.state.gov/j/drl/rls/irf/religiousfreedom/#wrapper.

Namibia Tourism Board, http://www.namibiatourism.com.na/.

UNESCO World Heritage Centre, "Namib Sand Sea," http://whc.unesco.org/en/list/1430/.

UNESCO World Heritage Centre, "Richtersveld Cultural and Botanical Landscape," http://whc.unesco.org/en/list/1265/.

WWF(World Wildlife Fund), "Africa: Namibia," https://www.worldwildlife.org/ecoregions/at1315.

〈보츠와나〉

단행본/논문/보고서

Attoh, S. A. (ed.), 2010, *Geography of Sub-Saharan Africa* (3rd Edition), Upper Saddle River, NJ: Pearson Prentice Hall, pp. 151-164.

Gachocho, M., 1999, *Urban Poverty in Africa: Selected Countries Experiences*, UN Centre for Human Settlements(Habitat), p. 58.

Greenberg, J. H., 1970, *The Languages of Africa* (3rd Edition), Bloomington: Indiana University.

Heine, B. and Nurse, D. (eds.), 2000, *African Languages: An Introduction*, Cambridge: Cambridge University Press.

McCarthy, T. S., 2013, "The Okavango delta and its place in the geomorphological evolution of Southern Africa," *South African Journal of Geology*, 116, 1-54.

Mendelsohn, J. and El Obeid, S., 2004, *Okavango River: The Flow of a Lifeline*, Cape Town: Struik Publishers, p. 35.

Statistics Botswana, 2012, "2011 Population and Housing Census: The Population of Towns, Villages and Associated Localities," Gaborone: Statistics Botswana.

장 졸리(Jean Jolly), 2016, 지도로 보는 아프리카 역사: 그리고 유럽 중동 아시아, 인류의 기원부터 현재까지, 이진홍·성일권(역), 시대의창, pp. 12-43.

웹사이트

Botswana Tourism Organisation, "Gaborone," http://www.botswanatourism.co.bw/explore/gaborone. (Accessed: 2017. 5.)

Seven Natural Wonders of the World, "7 Natural Wonders of Africa: Okavango Delta," http://sevennaturalwonders.org/index_/wonders-by-continent/africa/okavango-delta/.

Statistics Botswana, http://www.statsbots.org.bw/.

The Editors of Encyclopædia Britannica, "San(People)," Encyclopædia Britannica, Last updated: 2018. 1. 12., https://www.britannica.com/topic/San.

TI(Transparency International), "Corruption Perceptions Index 2016," https://www.transparency.org/news/feature/corruption_perceptions_index_2016. (Accessed: 2017. 5.)

UNESCO World Heritage Centre, "Okavango Delta," http://whc.unesco.org/en/list/1432/.

US CIA(Central Intelligence Agency), 1996, "Africa, ethnolinguistic groups," https://www.loc.gov/resource/g8201e.ct001294/. (Map, Retrieved from the Library of Congress, https://www.loc.gov/item/96680239)

Wikipedia, "San people," Last updated: 2018. 2. 18., https://en.wikipedia.org/wiki/San_people.

〈짐바브웨〉

단행본/논문/보고서

Attoh, S. A. (ed.), 2010, *Geography of Sub-Saharan Africa* (3rd Edition), Upper Saddle River, NJ: Pearson Prentice Hall, pp. 265-281.

Chandra, R. and Srivastava, R. K. (eds.), 1996, *Magmatism in Relation to Diverse Tectonic Settings*, Rotterdam: A.A.Balkema, pp. 209-222.

Connah, G., 2001, *African Civilizations: An Archaeological Perspective*, Cambridge: Cambridge University Press, pp. 223-274.

Flint, J. E. (ed.), 1976, *Cambridge History of Africa*, Vol. 5, From C. 1790 to C. 1870, Cambridge: Cambridge University Press, pp. 343-348.

Gachocho, M., 1999, *Urban Poverty in Africa: Selected Countries Experiences*, UN Centre for Human Settlements(Habitat), pp. 81-95.

Garlake, P. S., 1973, *Great Zimbabwe*, New York: Stein and Day, p. 11.

Gocha, N. T. et al., 2007, *Dynamics Of O'level Human And Economic Geography*, Harare: College Press Publishers, pp. 171-183.

Hall, M. and Stefoff, R., 2006, *Great Zimbabwe*, New York: Oxford University Press, pp. 6-7.

Maier, W. D. et al., 2015, "Composition of the ultramafic–mafic contact interval of the Great Dyke of Zimbabwe at Ngezi mine: Comparisons to the Bushveld Complex and implications for the origin of the PGE reefs," *Lithos*, 238, 207–222.

McKenna, A. (ed.), 2011, *The History of Southern Africa(The Britannica Guide to Africa)*, New York: Britannica Educational Publishing, p. 200.

Murphy, A. et al., 2013, *Lonely Planet Southern Africa*, Melbourne: Lonely Planet Publications, pp. 628-629.

Scudder, T., 2012, *The Future of Large Dams: Dealing with Social, Environmental, Institutional and Political Costs*, London and Sterling, VA: Earthscan, pp. 188-191.

Yoshikuni, T., 2007, *African Urban Experiences in Colonial Zimbabwe: A Social History of Harare Before 1925*, Harare: Weaver Press, pp. 9-32.

Zimbabwe National Statistics Agency(Zimstat), 2013, "Zimbabwe Population Census 2012."

Zimbabwe Parliament Research Department, 2011, "Harare Provincial Profile."

마르코 카타네오(Marco Cattaneo)·자스미나 트리포니(Jasmina Trifoni), 2014, 유네스코 세계고대문명: 유럽/아프리카, 글램북스, pp. 190-191.

앤드루 가우디(Andrew Goudie), 2007, 휴먼 임팩트, 손일·손명원·박경원(역), 푸른길, pp. 215-230.

웹사이트

Bulawayo City Council, http://citybyo.co.zw/.

Mygweru.com, "Gweru - The City of Progress," http://www.mygweru.com/.

The Editors of Encyclopædia Britannica, "Bulawayo," Encyclopædia Britannica, Last update: 2011. 11. 2., https://www.britannica.com/place/Bulawayo.

UNESCO World Heritage Centre, "Great Zimbabwe National Monument," http://whc.unesco.org/en/list/364/.

UNESCO World Heritage Centre, "Matobo Hills," http://whc.unesco.org/en/list/306/.

Zimbabwe National Statistics Agency(Zimstat), http://www.zimstat.co.zw/.

Zimbabwe Tourism Authority, http://www.zimbabwetourism.net/.

Zimparks, "Chinhoyi Caves Park Overview," http://zimparks.org/parks/national-parks/chinhoyi-caves/#1497617965156-adb25d03-d575.

〈잠비아〉

단행본/논문/보고서

Corrigan, P., 2007, *Extreme Earth: Waterfalls*, New York: Infobase Publishing, pp. 19-24.

Davies, B. R. and Walker, K. F. (eds.), 2013, *The Ecology of River Systems*, Springer Science & Business Media, pp. 225-235.

Fraser, A. and Larmer, M. (eds.), 2010, *Zambia, Mining, and Neoliberalism: Boom and Bust on the Globalized Copperbelt*, New York: Palgrave Macmillan, pp. 59-62.

Goudie, A. S., 2005, "The drainage of Africa since the Cretaceous," *Geomorphology*, 67, 437–456.

Gupta, A. (ed.), 2007, *Large Rivers: Geomorphology and Management*, Chichester: John Wiley & Sons, pp. 311-332.

Gupta, A., 2011, *Tropical Geomorphology*, Cambridge: Cambridge University Press, pp. 152-154.

Maufe, H. B., 1936, "The Geology of the Victoria Falls," *The Journal of the Royal Anthropological Institute of Great Britain and Ireland*, 66, 348-368.

Murphy, A. et al., 2013, *Lonely Planet Southern Africa*, Melbourne: Lonely Planet Publications, pp. 575-577.

Mwakikagile, G., 2010, *Zambia: Life in an African Country*, Dar es Salaam: New Africa Press, pp. 151-165.

Office International de L'eau, 2002, "Fleuves Transfrontaliers Africains: Bilan Global," International Network of Basin Organisations and Office International de L'eau.

Schlüter, T., 2008, *Geological Atlas of Africa: With Notes on Stratigraphy, Tectonics, Economic Geology, Geohazards, Geosites and Geoscientific Education of Each Country* (2nd Edition), Berlin: Springer, pp. 271-273.

Zambia Central Statistical Office, 2012, "2010 census of population and housing: Population Summary Report."

김명주, 2012, 백인의 눈으로 아프리카를 말하지말라 1 (한국인의 눈으로 바라본 그래서 더 진실한 아프리카의 역사 이야기), 미래를소유한사람들, pp. 67-105.

유종현, 2000, 아프리카의 부족과 문화, 금광.

이우평, 2011, 모자이크 세계지리: 지도 따라 지구 한바퀴, 세계가 가까이 보인다, 현암사, pp. 384-387.

존 리더(John Reader), 2013, 아프리카 대륙의 일대기: 거대한 대륙이 들려주는 아프리카 역사의 모든 것, 남경태(역), 휴머니스트, pp. 688-691.

웹사이트

Doopedia(Doosan Corporation), "치파타(Chipata)," http://www.doopedia.co.kr/doopedia/master/master.do?_method=view&MAS_IDX=101013000756603.

Government of Barotseland 2012-2013, "About Barotseland," http://www.barotseland.com/About.htm.

International Network of Basin Organizations(INBO)[Réseau International des Organismes de Bassin(RIOB)], http://www.riob.org/.

Livingstone Tourism Association, "Livingstone Town," http://www.livingstonetourism.com/livingstone-town/.

Siyabona Africa (Pty)Ltd, "The Geology of Victoria Falls," http://www.siyabona.com/explore-victoria-falls-geology.html.

UNESCO World Heritage Centre, "Mosi-oa-Tunya / Victoria Falls," http://whc.unesco.org/en/list/509/.

Zambia Central Statistical Office, https://www.zamstats.gov.zm/.

Zambia Digital Portal(Central Statistical Office), "Population and Demography of Zambia," http://zambia.opendataforafrica.org/ZMPAD21016/population-and-demography-of-zambia.

Zambia Tourism Agency, http://www.zambiatourism.com/.

〈말라위〉

단행본/논문/보고서

International Labour Organization, 2006, "Tackling hazardous child labour in agriculture: Guidance on policy and practice."

International Labour Organization, 2009, "Country programme to combat child labour in

Malawi(Final Evaluation Summary)."

Jimu, I. M., 2012, *Peri-urban Land Transactions: Everyday Practices and Relations in Peri-urban Blantyre, Malawi*, Bamenda: Langaa RPCIG, pp. 75-76.

Kafakoma, R. and Mataya, B., 2009, "Timber value chain analysis for the Viphya Plantations," London: International Institute for Environment and Development Publication.

Kalinga, J. M., 2012, *Historical Dictionary of Malawi: Historical dictionaries of Africa* (4th Edition), Lanham: Rowman & Littlefield, pp. 252-253.

Kasuka, B. (ed.), 2013, *African Writers*, Dar es Salaam: New Africa Press, pp. 136-137.

Malawi National Statistical Office(Zomba), "Malawi Statistical Yearbook 2016."

Morris, B., 2016, *An Environmental History of Southern Malawi: Land and People of the Shire Highlands*, Cham: Springer, pp. 13-29.

Mwaura, P. and Kamau, F. M., 2006, "An overview of forest industry in eastern and southern Africa," FAO(Food and Agriculture Organization).

O'Connor, A., 2007, *The African City*, Abingdon: Routledge, pp. 263-267.

Record, R., Kumar, P. and Kandoole, P., 2017, *From Falling Behind to Catching Up: A Country Economic Memorandum for Malawi*, Washington: World Bank Publications, pp. 1-6.

Ross, K., 2013, *Malawi and Scotland Together in the Talking Place Since 1859*, Mzuzu: Mzuni Press, pp. 12-49.

Shaw, T., Sinclair, P., Andah, B. and Okpoko, A. (eds.), 2014, *The Archaeology of Africa: Food, Metals and Towns*, London and New York: Routledge, pp. 391-398.

Thomas, H. (ed.), 2006, *Trade Reforms and Food Security: Country Case Studies and Synthesis*, Roma: FAO(Food and Agriculture Organization), pp. 413-415.

웹사이트

Africa Guide, "Zomba Plateau," https://www.africaguide.com/country/malawi/zomba_plateau.htm.

Chavula, J., 2015, "Viphya Forest suffers 350 fires," 2015. 11. 22., Nation Publications Limited(NPL), http://mwnation.com/viphya-forest-suffers-350-fires/.

FAO(Food and Agriculture Organization of the United Nations), http://www.fao.org/home/en/.

Kimutai, K., "Biggest Cities In Zambia," Last updated: 2017. 4. 25., Worldatlas.com., https://www.worldatlas.com/articles/biggest-cities-in-zambia.html.

Malawi Nyasatimes, 2011, "Massive malpractices exposed at Viphya –Audit report," 2011. 12. 6., https://www.nyasatimes.com/massive-malpractices-exposed-at-viphya-audit-report/.

Malawitourism, Malawi TMC, http://www.malawitourism.com/.

UN Habitat, "Malawi Reports: Urban Profiles of Blantyre, Lilongwe, Mzuzu and Zomba," 2015. 4. 5., UrbanAfrica.Net, https://www.urbanafrica.net/resources/malawi-reports-urban-profiles-blantyre-lilongwe-mzuzu-zomba/.

UNESCO World Heritage Centre, "Lake Malawi National Park," http://whc.unesco.org/en/list/289/."

UNESCO World Heritage Centre, "Malawi Slave Routes and Dr. David Livingstone Trail," http://whc.unesco.org/en/tentativelists/5603/.

〈탄자니아〉

단행본/논문/보고서

Anderson, D. and Rathbone, R. (eds.), 2000, *Africa's Urban Past*, Oxford: James Currey Publishers, pp. 109-115.

Bissell, W. C., 2011, *Urban Design, Chaos, and Colonial Power in Zanzibar*, Bloomington: Indiana University Press, pp. 34-216.

Brennan, J., Burton, A. and Lawi, Y. (eds.), 2007, *Dar es Salaam: Histories from an Emerging African Metropolis*, Dar es Salaam: Mkuki na Nyota Publishers, pp. 13-52.

Conte, C. A., 2004, *Highland Sanctuary: Environmental History in Tanzania's Usambara Mountains*, Athens: Ohio University Press, pp. 4-5.

Conte, C. A., 2010, "Forest History in East Africa's Eastern Arc Mountains: Biological Science and the Uses of History," *BioScience*, 60(4), 309–313.

Debarbieux, B. and Rudaz, G., 2015, *The Mountain: A Political History from the Enlightenment to the Present*, Trans. Todd, J. M., Chicago and London: University of Chicago Press, p. 178.

Delgado, C. L. and Minot, N. W., 2000, *Agriculture in Tanzania Since 1986: Follower or Leader of Growth?(World Bank Studies)*, Washington: World Bank Publications, p. 36.

ESRF(Economic and Social Research Foundation), UNDP(United Nations Development Programme) and URT(Ministry of Finance, MOF), 2015, *Tanzania Human Development Report 2014*, Dar es Salaam: ESRF.

Finke, J., 2003, *Tanzania*, London: Rough Guides, p. 275.

Ham, A. et al., 2015, *Lonely Planet East Africa*, Melbourne: Lonely Planet Publications, pp. 50-215.

Iliffe, J., 1979, *A Modern History of Tanganyika(African Studies)*, Cambridge: Cambridge University Press, pp. 101-102.

Lawrence, D., 2009, *Tanzania: The Land, Its People and Contemporary Life*, Dar es Salaam: New Africa Press, pp. 47-51.

McIntyre, C. and McIntyre, S., 2013, *Zanzibar*, Bradt Travel Guides, p. 139.

Mwakalila, S., 2011, "Assessing the Hydrological Conditions of the Usangu Wetlands in Tanzania," *Journal of Water Resource and Protection*, 3(12), 876-882.

National Bureau of Statistics(Dar es Salaam) and Office of Chief Government Statistician(Zanzibar), 2013, "2012 Population and Housing Census."

Newmark, W. D., 2002, *Conserving Biodiversity in East African Forests: A Study of the Eastern Arc Mountains*, New York: Springer Science & Business Media, pp. 1-10.

O'Connor, A., 2007, *The African City*, Abingdon: Routledge, pp. 263-267.

The Planning Commission Dar es Salaam and Regional Commissioner's Office Mbeya, 1997, "Mbeya Region Socio-Economic Profile," pp. 40-51.

Vale, L., 2008, *Architecture, Power and National Identity* (2nd Edition), London: Routledge, pp. 175-190.

국토연구원, 2015, 유럽과 아프리카의 도시들, 한울아카데미, pp. 270-278.

권유경·조혜정·김은아·김겨울, 2015, "아프리카 국별 연구시리즈: 탄자니아," 아프리카미래전략센터.

김광수, 2008, "탄자니아의 언어정책과 국가건설에 대한 역사적 고찰: 독립이후부터 1970년대 중반까지의 시기를 중심으로," 아프리카학회지, 28, 3-40.

김동석·조원빈·송영훈·정구연, 2014, "한국의 대(對)아프리카 원조정책에 관한 비판적 고찰," 국제지역연구, 17(4), 283-311.

담비사 모요(Dambisa Moyo), 2011, 죽은 원조: 아프리카 경제학자가 들려주는 Dead Aid, 김진경(역), 알마.

조원빈, 2012, "아프리카인들이 바라보는 원조의 규모와 정부의 책임성," 정치정보연구, 15(2), 37-70.

한양환, 2012, "21세기 아프리카의 정치사회학: 후기신식민주의(Post-neocolonialism)적 접근," 한국사회학회 사회학대회 논문집, 419-431.

웹사이트

Africanagriculture.co.zw., "Sisal cultivation spreads in Tanzania," 2012. 1. 6., http://www.africanagriculture.co.zw/2012/01/sisal-cultivation-spreads-in-tanzania.html. (Accessed: 2017. 5)

Nurse, E., 2015, CNN, "Sisal: The most useful plant you've never heard of ," 2015. 11. 20., http://edition.cnn.com/2015/11/10/africa/sisal-tanzania/index.html.

Tanzania Tourist Board, "Usambara Mountains," http://tanzaniatourism.go.tz/en/destination/usambara-mountains.

Tanzania, Ministry of Agriculture Livestock and Fisheries, "Country Agricutural Map," http://www.kilimo.go.tz/index.php/en/maps/view/country-agricutural-map.

The Tanzania Government Portal, "Our Nation," Ministry of Information, Culture, Arts and Sports, http://tanzania.go.tz/home/pages/3.

The Zanzibar Stone Town Heritage Society, "Stone Town History," http://www.zanzibarstonetown.org/pages/stonetown_history.html.

UNESCO World Heritage Centre, "Kilimanjaro National Park," http://whc.unesco.org/en/list/403/.

UNESCO World Heritage Centre, "Serengeti National Park," http://whc.unesco.org/en/list/156.

UNESCO World Heritage Centre, "Stone Town of Zanzibar," http://whc.unesco.org/en/list/173/.

UsambaraMountains home website, http://www.usambaramountains.com/index.html.

Wikipedia, "Agriculture in Tanzania," Last updated: 2017. 10. 31., https://en.wikipedia.org/wiki/Agriculture_in_Tanzania.

Wikipedia, "Uluguru Mountains," Last updated: 2018. 2. 2., https://en.wikipedia.org/wiki/Uluguru_Mountains#cite_note-1.

유네스코와 유산, "킬리만자로 국립공원(Kilimanjaro National Park)," http://heritage.unesco.or.kr/whs/kilimanjaro-national-park/#body_content.

〈기타〉

단행본/논문/보고서

Adams, W. M., Goudie, A. S. and Orme, A. R. (eds.), 1996, *The Physical Geography of Africa*, Oxford: Oxford University Press.

Attoh, S. A. (ed.), 2010, *Geography of Sub-Saharan Africa* (3rd Edition), Upper Saddle River, NJ: Pearson Prentice Hall.

Cole, R. and De Blij, H. J., 2007, *Survey of Subsaharan Africa: A Regional Geography*, New York: Oxford University Press.

Connah, G., 2001, *African Civilizations: An Archaeological Perspective*, Cambridge: Cambridge University Press.

De Blij, H. J., 1964, *Geography of Subsaharan Africa*, Chicago: Rand McNally.

Dinar, A. et al., 2008, *Climate Change and Agriculture in Africa: Impact Assessment and Adaptation Strategies*, London: Earthscan.

Esterhuysen, P. (ed.), 1998, *Africa A-Z: continental and country profiles*, Pretoria: Africa Institute of South Africa.

Hance, W. A., 1964, *The geography of modern Africa*, New York : Columbia University Press.

Jarrett, H. R., 1974, *Africa* (4th Edition)(The New Certificate Geography Series, Advanced Level), London: Macdonald and Evans.

Kwamena-Poh, M., Tosh, J., Waller, R. and Tidy, M., 1982, *African History in Maps*, Harlow: Longman Group Ltd.

Lieskounig, J., 1997, "'I have just seen a face of old Africa' The depiction of Black Africa in National Geographic Magazine," *Communicatio: South African Journal for Communication Theory and Research*, 23(1), 28-35.

Longhorn, 2014, *New Horizon Social Environmental Sciences: Primary School Atlas Malawi* (Revised), Nairobi: Longhorn Publishers.

Longman, 1997, *Longman Secondary School Atlas* (Revised Edition), Cape Town: Maskew Miller Longman.

Lucile, C., 1967, *Africa's Lands and Nations*, New York: McGraw-Hill.

Pearson, 2013, *Secondary School Atlas* (New Edition), Cape Town: Pearson Education Africa.

Peel, M. C., Finlayson, B. L. and McMahon, T. A., 2007, "Updated world map of the Köppen-Geiger climate classification," *Hydrology and Earth System Sciences Discussions, European Geosciences Union*, 11(5), 1633-1644.

Suggate, L. S., 1929, *Africa* (Harrap's New Geographical Series, edited by Rudmose Brown, R. N.), London: George G. Harrap & Company Ltd.

Tbc, 2005, *Macmillan Secondary School Atlas Kenya* (2nd Edition), Nairobi: Macmillan Education.

Welsh, A. (ed.), 1951, *Africa: South of the Sahara: an Assessment of Human and Material Resources*, London and New York: Oxford University Press.

고상모·이길재·김의준·류충렬, 2013, "동아프리카 열곡대의 지질 및 광화작용," 한국광물학회지, 26(4), 331-342.

국립외교원 외교안보연구소, 2017, "2017 국제정세전망".

권동희, 2003, "사이버 강의를 위한 멀티미디어 콘텐츠 개발 −중,남부 아프리카 지역지리를 중심으로," 한국사진지리학회지, 13, 73-90.

권동희, 2004, "특집 논문: 블랙 아프리카의 세계," 한국사진지리학회지, 14(1), 3-48.

김광수, 2007, "아프리카 중심주의(Afrocentrism): 아프리카학의 새로운 연구방법론," Asian Journal of African Studies, 21, 55-77.

김동석, 2017, "최근 아프리카 기근문제의 분석과 전망," 국립외교원 외교안보연구소.

김민성, 2013, "비판적 세계시민성을 통한 지리 교과서 재구성 전략: 르완다를 사례로," 사회과교육, 52(2), 59-72.

대한광업진흥공사, 2008, (희망의 대륙 아프리카)자원여행, 대한광업진흥공사.

루츠 판 다이크(Lutz Van Dijk), 2005, 처음 읽는 아프리카의 역사, 안인희(역), 웅진싱크빅.

리처드 J. 리드(Richard J Reid), 2013, 현대 아프리카의 역사, 이석호(역), 삼천리.

마틴 메러디스(Martin Meredith), 2014, 아프리카의 운명: 인류의 요람에 새겨진 상처와 오욕의 아프리카 현대사, The Fate of Africa, 이순희(역), 휴머니스트.

문남철, 2017, "남부아프리카 초 국경평화공원의 지정학적 접근: DMZ 세계생태평화공원 조성에 주는 시사점," 한국지역지리학회지, 23(2), 311-324.

박영호, 2016, "아프리카 도시화 특성 분석과 한국의 인프라 협력방안," 한국아프리카학회지, 49, 45-94.

박정윤·최소연(편), 2016, "아프리카 편람," 아프리카미래전략센터.

비제이 마하잔(Vijay Mahajan), 2010, 아프리카 파워: 전 세계 마지막 남은 블루오션 마켓 아프리카가 떠오른다, 이순주(역), 에이지21.

사이먼 윈체스터 외(Simon Winchester, et al.), 2005, 지구의 생명을 보다, 박영원(역), 휘슬러.

서상현, 1999, "아프리카 역사에 관한 제고찰," 서상현, Asian Journal of African Studies, 11, 69-93.

스탠리 브룬(Stanley D. Brunn)·모린 헤이스-미첼(Maureen Hays-Mitchell)·도널드 지글러(Donald J. Zeigler), 2013, 세계의 도시, 한국도시지리학회(역), 푸른길, pp. 424-481.

심의섭·서상현, 2012, 아프리카 경제, 세창출판사.

아프리카미래전략센터(편), 2017, "남부 아프리카에서의 지리적 여정에 관한 소론: 남아프리카공화국·레소토·스와질란드·모잠비크·짐바브웨·보츠와나," 제3회 아프리카미래전략센터 에세이 공모전 수상작 모음집, pp. 27-54.

앤드류 심슨(Andrew Simpson), 2016, 아프리카 아이덴티티 2,000개의 언어를 둘러싼 발전과 통합의 과제, 김현권·김학수(역), 지식의날개.

윤상욱, 2012, 아프리카에는 아프리카가 없다: 우리가 알고 있던 만들어진 아프리카를 넘어서, 시공사.

이석우, 2004, "아프리카의 식민지 문제와 영토 분쟁에 관한 국제법적 고찰," 국제법학회논총, 9(2), 79-101.

이신화, 2014, "유엔 '안보역할'의 발전과 한계 對 아프리카 인도적 개입의 불평등성과 비일관성," 한국 아프리카학회지, 41, 63-93.

이호영, 2015, "아프리카 경제성장의 특성과 과제," 국제정치연구, 18(1), 423-442.

제이크 브라이트(Jake Bright)·오브리 흐루비(Aubrey Hruby), 2016, 넥스트 아프리카: 뜨겁게 부상하는 기회의 대륙, 왜 지금 아프리카에 주목해야 하는가, 이영래(역), 미래의창.

존 리더(John Reader), 2013, 아프리카 대륙의 일대기: 거대한 대륙이 들려주는 아프리카 역사의 모든 것, 남경태(역), 휴머니스트.

존 하비슨(John Harbeson), 2017, 세계 속의 아프리카, 김성수(역), 한양대학교출판부.

팀 마샬(Tim Marshall), 2016, 지리의 힘: 지리는 어떻게 개인의 운명을, 세계사를, 세계 경제를 좌우하는가, 김미선(역), 사이, pp. 219-252.

웹사이트

African Union, https://www.au.int/.

CIA The World Factbook, https://www.cia.gov/library/publications/resources/the-world-factbook/.

EAC(East African Community), https://www.eac.int/.

Expert Africa, https://www.expertafrica.com/.

FAO(Food and Agriculture Organization of the United Nations), http://www.fao.org/home/en/.

ILO(International Labor Organization), http://www.ilo.org/global/lang--en/index.htm.

IMF(International Monetary Fund), http://www.imf.org/external/index.htm.

National Geographic, "Latest-Stories," National Geographic Partners, LLC., http://www.nationalgeographic.com/latest-stories/.

SADC(Southern African Development Community), http://www.sadc.int/.

TI(Transparency International), https://www.transparency.org/.

Travel Africa, http://travelafricamag.com/.

UN Habitat, "Collection: Urban Profiles, Book," https://unhabitat.org/collection/urban-profiles/.

UNDP(UN Development Programme), "2016 Human Development Report)," http://hdr.undp.org/en/2016-report.

UNEP(UN Environment Programme) Africa Regional Office, http://www.unep.org/africa/.

UNESCO, http://whc.unesco.org/en.

World Bank, "World Bank Open Data," http://data.worldbank.org/.

신흥지역정보 종합지식포탈(EMERiCs), "아프리카·중동," 대외경제정책연구원, http://www.emerics.org/www/main.do?systemcode=05&view=.

외교부 해외안전여행, "국가별 기본정보: 아프리카 국가," http://www.0404.go.kr/dev/country.mofa?idx=&hash=&chkvalue=no2&stext=&group_idx=7&alert_level=0.

유네스코와 유산, http://heritage.unesco.or.kr/.

한국은행 경제통계시스템, http://ecos.bok.or.kr/.

* 검색일이 별도로 표시되어 있지 않은 모든 웹사이트는 2018년 2월에 다시 확인한 자료임.